Unity

超入門

やさしくわかる
ゲーム開発

福島 光輝
Mitsuteru Fukushima

技術評論社

ご注意

ご購入・ご利用の前に必ずお読みください。

● 本書に記載された内容は、情報の提供のみを目的としております。したがって、本書を用いた運用は、必ずお客様ご自身の責任と判断によって行ってください。これらの情報の運用結果について、著者および技術評論社はいかなる責任も負いません。あらかじめ、ご了承ください。

● 本書の記載内容は、2024年7月末日現在のものを掲載しておりますので、ご利用時には変更されている場合もあります。また、ソフトウェアはバージョンアップされる場合があり、本書での説明と機能内容や画面図などが異なってしまうこともありえます。本書ご購入の前に、必ずバージョンをご確認ください。

● 本書掲載のプログラムは下記の環境で動作検証を行っております。

OS	Windows11／macOS Sonoma
Unity Hub	Unity Hub 3.8.0以降
Unity	Unity6（6000.0.13f1）
Visual Studio	Visual Studio Community 2022 Version 17.6.9／Visual Studio Community 2019 for Mac Version 8.10.20

　上記以外の環境をお使いの場合、操作方法、画面図、プログラムの動作などが本書内の表記と異なる場合があります。あらかじめご了承ください。

● 本書のサポート情報およびサンプルファイルは下記のサイトで公開しております。
https://gihyo.jp/book/2024/978-4-297-14353-4/support

※ Microsoft、Windowsは、米国Microsoft Corporationの米国およびその他の国における商標または登録商標です。
※ Unityおよび関連の製品名は、Unity Technologies、またはその子会社の商標です。
※ その他、本書に記載されている会社名、製品名は各社の登録商標または商標です。
※ 本文中では特に、®、™ は明記しておりません。

はじめに

　毎年更新されるUnityも今年はこれまでの年号表記と違い「Unity6」というバージョン表記に変わりました。Unityはネット上に多くの日本語情報があり、初心者がゲーム開発のを学ぶのに適したプラットフォームだと思います。本書でぜひゲーム開発の最初の一歩を踏み出して頂ければと思います。

■本書の構成

　1章では、UnityHubのダウンロードとUnityのインストール方法、Unityの基本的な使い方を解説しています。

　2章では、コードを使わずに、玉をスロープに沿って転がしていくというものを作りながら、Unityの基本機能を学んでいきます。

　3章からは、C#コードを使ってゲームオブジェクトを扱うゲームの作成を行っていきます。

　4章では、ナビメッシュを使って敵がプレイヤーを追いかけてくるアクション性のあるゲームの作成を行います。

　5章では、二人対戦ゲームの作成を行います。人対人のゲームは盛り上がるので、複数デバイスからの入力方法を学んで、ぜひオリジナルの対戦ゲームの作成にチャレンジしてみてください。

■本書をお読みになる前に

　サンプルプログラムで使用したUnity6は執筆時点でプレビュー版でした。サンプルプロジェクトを開く場合、出版時点でのUnity6のバージョンが違うと、プロジェクトと同じバージョンをダウンロードするか、インストールされているUnity6のバージョンを選ぶダイアログが表示されます。「インストール」項目から、プロジェクト指定よりも新しいバージョンのUnity6を選択して、[開く]ボタンをクリックします。続いて表示される、「エディターバージョンを変更しますか？」のダイアログで[バージョンを変更]ボタンをクリックします。Unityの起動中に再度プロジェクトのアップデート確認ダイアログが表示されるので、[Continue]をクリックします。

Unityをはじめよう

1-1 Unityとは ... 10
- 1-1-1 ゲームエンジンとは？ ... 10
- 1-1-2 Unityのプラン ... 11

1-2 UnityHubとは ... 12
- 1-2-1 UnityHubの役割 ... 12
- 1-2-2 UnityHubのダウンロード ... 12
- 1-2-3 UnityHubのインストール（Mac） ... 13
- 1-2-4 UnityHubのインストール（Windows） ... 14
- 1-2-5 Unity IDの作成 ... 15

1-3 Unity開発の環境を作ろう ... 18
- 1-3-1 Unity6のインストール ... 18
- 1-3-2 Unity Hubの日本語化 ... 19
- 1-3-3 Unityのインストール（Mac） ... 20
- 1-3-4 Unityのインストール（Windows） ... 21
- 1-3-5 Unityのライセンスの追加 ... 23
- 1-3-6 Unityの起動 ... 24
- 1-3-7 サンプルプロジェクトのインポート ... 26

1-4 Unityのインターフェースを理解しよう ... 30
- 1-4-1 「Project」（プロジェクト）ウィンドウ ... 30
- 1-4-2 「Game」（ゲーム）ビュー ... 32
- 1-4-3 「Scene」（シーン）ビュー ... 33
- 1-4-4 「Hierarchy」（ヒエラルキー）ウィンドウ ... 40
- 1-4-5 「Inspector」（インスペクター）ウィンドウ ... 40
- 1-4-6 「Console」（コンソール）ウィンドウ ... 41
- 1-4-7 プロジェクトのセーブ ... 42
- 1-4-8 プロジェクトのロード ... 42

CONTENTS 目次

玉転がしゲームを作ろう

2-1 開発を始めよう ... 44
- 2-1-1 プロジェクトの作成 ... 44
- 2-1-2 シーンの保存 ... 46
- 2-1-3 Unityの座標系 ... 48
- 2-1-4 ワールド座標系とローカル座標系 ... 48
- 2-1-5 回転方向 ... 49

2-2 床を作ろう ... 50
- 2-2-1 Cubeの作成 ... 50
- 2-2-2 Cubeの名前変更 ... 51
- 2-2-3 「Game」ビューと「Inspector」ウィンドウでの"Cube"の表示 ... 51
- 2-2-4 「Inspector」ウィンドウでの操作 ... 52
- 2-2-5 Floorの位置や形状の変更 ... 52

2-3 スロープを作ろう ... 54
- 2-3-1 スロープの作成 ... 54
- 2-3-2 ゲームオブジェクトの複製 ... 56

2-4 プレハブを作成しよう ... 59
- 2-4-1 プレハブとは ... 59
- 2-4-2 "Slope1"のプレハブ化 ... 60
- 2-4-3 "Slope2"のプレハブ化 ... 61

2-5 スロープを繋げて道を作ろう ... 62
- 2-5-1 スロープの配置 ... 62
- 2-5-2 色を付ける ... 65
- 2-5-3 メインカメラの調整 ... 69

2-6 玉を作ろう ... 70
- 2-6-1 玉の作成 ... 70
- 2-6-2 玉の配置とスケール ... 71
- 2-6-3 玉に物理挙動の設定 ... 71

2-7 テクスチャを貼ろう ... 73
- 2-7-1 アセットストアからマテリアルとテクスチャの入手 ... 73
- 2-7-2 Unityへマテリアルとテクスチャのインポート ... 74
- 2-7-3 マテリアルの設定 ... 75

2-8 アセットを追加しよう ... 77
- 2-8-1 「Creator Kit: Puzzle」アセットの入手 ... 77
- 2-8-2 プレハブの配置 ... 78
- 2-8-3 インタラクトプレハブの配置 ... 79

サバイバルゲームを作ろう

3-1	プロジェクトを作成しよう	82
3-1-1	今回作成するゲームの概要	82
3-1-2	プロジェクトとシーンの作成	82

3-2	床とボールを作成しよう	85
3-2-1	床の作成	85
3-2-2	ボールの作成	85
3-2-3	ボールの落下設定	86
3-2-4	物理マテリアルの設定	86

3-3	ボールを操作しよう	88
3-3-1	スクリプトの設定（ボール）	88
3-3-2	ボールの物理挙動	89
3-3-3	ボールの操作	91
3-3-4	ボールのジャンプ	92
3-3-5	「Inspector」ウィンドウとの連携	93

3-4	床を一定間隔で生成しよう	96
3-4-1	床の自動生成	96
3-4-2	床の生成方向の制限	100
3-4-3	時間による床の消去	101
3-4-4	段差のある床の生成	102
3-4-5	カメラの追従（ボール）	104
3-4-6	接地判定	105

3-5	ゴールを作成しよう	
3-5-1	ゴールの床のプレハブ作成	108
3-5-2	ゴールの床の生成	110
3-5-3	ゴールの処理	113
3-5-4	ゲームオーバーの作成	114

3-6	アセットを追加しよう	116
3-6-1	「Unity Learn	Creator Kit: FPS	URP」アセットの入手	116
3-6-2	背景のプレハブの配置	117
3-6-3	床とボールにマテリアルのセット	117
3-6-4	BGMの再生	119

CONTENTS 目次

Chapter 4 鬼ごっこゲームを作ろう

4-1 プロジェクトを作成しよう 122
- 4-1-1　プロジェクトの作成 122
- 4-1-2　アセットの準備 123
- 4-1-3　アセットのインポート 123

4-2 敵を作ろう 126
- 4-2-1　敵のプレハブの作成 126
- 4-2-2　プレイヤーの機能を削除 127
- 4-2-3　敵のLayerの追加 128
- 4-2-4　敵のタグの追加 129
- 4-2-5　敵にコライダーと物理の追加 130
- 4-2-6　Rigidbodyコンポーネントの追加 130
- 4-2-7　プレイヤーを追跡する機能の追加 131
- 4-2-8　歩ける場所の作成 132
- 4-2-9　敵のスクリプトの作成 133
- 4-2-10　敵のアニメーターコントローラーの作成 135
- 4-2-11　アニメーターの設定 136
- 4-2-12　移動速度をスクリプトから設定 138
- 4-2-13　アニメーションの調整 139

4-3 アイテムを作成しよう 140
- 4-3-1　アイテムのゲームオブジェクトの作成 140
- 4-3-2　アイテムのスクリプトの作成 141

4-4 ゲームクリアを作成しよう 142
- 4-4-1　ゲームマネージャーの作成 142
- 4-4-2　アイテムの登録と解除 143
- 4-4-3　ゴール地点の作成 144
- 4-4-4　ゴールのスクリプトの作成 146
- 4-4-5　ゴールのUIの作成 147
- 4-4-6　ゴールしたときのUIの表示 149
- 4-4-7　ゴールしたときに敵を消す 152

4-5 敵との接触を考えよう 154
- 4-5-1　敵側の接触判定の作成 154
- 4-5-2　プレイヤー側の接触判定の作成 155
- 4-5-3　ゲームオーバー時のプレイヤーと敵の挙動 156
- 4-5-4　"GAME OVER"の表示 159

4-6 アセットを活用しよう 161
- 4-6-1　「Adventure Game Environment Pack | URP」アセットの入手 161
- 4-6-2　背景アセットの追加 161

二人対戦ゲームを作ろう

- 5-1 プロジェクトを作成しよう 164
  - 5-1-1　新規プロジェクトの作成 164
- 5-2 プレイヤーを作成しよう 165
  - 5-2-1　入力設定の作成 165
  - 5-2-2　アセットのインポート 166
  - 5-2-3　プレイヤーのゲームオブジェクトの作成 168
  - 5-2-4　プレイヤーのスクリプトの作成 170
  - 5-2-5　スクリーン周囲に壁を配置 173
  - 5-2-6　マルチプレイヤーの操作 173
  - 5-2-7　プレイヤーの向きの設定 174
- 5-3 弾を発射しよう 176
  - 5-3-1　弾のプレハブの作成 176
  - 5-3-2　弾の発射の入力設定 178
  - 5-3-3　弾の発射のスクリプトの作成 179
  - 5-3-4　弾との接触判定 181
- 5-4 スコアを表示しよう 183
  - 5-4-1　スコアの表示 183
- 5-5 プレイヤーを向かい合わせよう 188
  - 5-5-1　スクリーン座標とワールド座標 188
  - 5-5-2　プレイヤーの出現座標と回転角の設定 189
- 5-6 弾の発射間隔を設けよう 190
  - 5-6-1　連射の制限 190
- 5-7 プレイヤーの画像を変更しよう 192
  - 5-7-1　スプライト画像の変更 192
  - 5-7-2　噴射炎の追加 194
  - 5-7-3　背景画像の設定 195

デバッグの方法と サンプルファイルの使い方

- A-1 デバッグの方法 198
- A-2 サンプルファイルの使い方 203

Unityをはじめよう

この章では、ゲームエンジンのUnityの紹介と、ダウンロードからインストール、そしてサンプルプロジェクトの作成と基本的な操作方法を学んでいきます。

1-1 Unityとは

Unity（ユニティー）はゲームエンジンのひとつです。ここでは、ゲームエンジンとは何なのか？ Unityを使う準備はどのようにするのかを解説します。UnityHubのインストールから、UnityIDの作成、Unityのインストール、Unityライセンスの取得というUnity起動までの手順と、最初のプロジェクト作成と起動後の画面構成を見ていきましょう。

1-1-1 ゲームエンジンとは？

Unityとは、ユニティー・テクノロジー社が開発した、ゲームエンジンを含むゲームを開発するためのツールを統合したアプリケーションです(図1.1)。Windows,Mac,Linuxで動きます。

図1.1 Unityの画面

現在ゲームを遊ぶことのできるデバイスは、iPhone、android、Nintendo Switch、PS5、Xbox Series X、Windows、Macなど複数のプラットフォームがあります。それぞれのプラットフォームで開発環境や開発言語は異なっており、また開発言語が同じだとしてもライブラリと呼ばれるプラットフォーム固有の機能を使うためのプログラムも異なっています。例えばiPhoneではXcodeという開発ツールを使い、言語はObjective-CかSwiftです。androidでは

android studioという開発ツールを使い、言語はJavaかKotlinです。WindowsではVisual Studioという開発ツールを使い、言語はC++です。このように各プラットフォーム向けにそれぞれの開発環境でゲームを作成するのはとても時間と労力がかかります。

そこでUnityを使うと、ひとつの開発環境でひとつの言語C#を使いゲームを開発することができ、最終的にそれぞれのプラットフォーム向けにゲームの実行ファイルを書き出すことができるのです。ゲームで使う3Dモデルや、画像、サウンドデータなどのアセットデータも、概ね同じデータから各プラットフォームに適したデータに変換して書き出すことで、各プラットフォーム向けに別々のデータを用意する必要もなくゲームを制作することができます。これがゲームエンジンを使う最大のメリットです。

ゲームエンジンはUnityの他にもあり、例えばEpic Games社が開発しているUnreal Engineもゲームの開発現場では用いられることが多いです。UnityはWeb上に情報が多く、日本語の情報もとても充実しています。そのため初心者がゲーム開発を学ぶのにUnityはとても適しています。

1-1-2 Unityのプラン

Unityを使うには個人で使える無料プランから企業が使うための有料プランまで複数のプランが用意されています。ここでは個人で使うためのプランを紹介します。個人プランは2つのタイプがあります。Unityのホームページに各プランの利用資格が**表1.1**ように記載されています。

表1.1 Unityの個人プラン

プラン名称	利用資格
Personal	過去12か月の収益や調達した資金が10万米ドル未満。
Student	基準を満たした教育期間に在学中で、個人情報の収集と取り扱いに同意できる16歳以上の学生。有効期限は1年間。

学生であればStudentプランを申し込むことができます。上位プランである有料のProプラン相当の機能を使え、サポートを受けることができます。そうでない場合Personalプランが使えます。個人で学習やゲーム開発を行うのであればPersonalプランで十分です。開発したゲームを販売することも可能です。Personalプランではアプリにして実行する場合、実行時に「Made with Unity」スプラッシュ画面の表示が必要でしたが、「Unity 6」以降から任意になります。

1-2 UnityHub とは

この章では、Unity をインストールするのに必要な、Unity のバージョンや Unity で作られたプロジェクトを管理する UnityHub（ユニティハブ）というアプリケーションのインストールと、UnityID の作成までを解説します。

1-2-1 UnityHubの役割

UnityHub とは、複数の Unity のバージョンのインストールの管理や Unity で作成されたプロジェクトの管理を行うためのアプリケーションです（図1.2）。またこれから作成するゲームに合ったテンプレートを利用して新規にプロジェクト作成することもできます。

図1.2 Unity Hubの画面

1-2-2 UnityHubのダウンロード

UnityHub のダウンロードページ（https://unity.com/ja/download）を Web ブラウザで開きます（図1.3）。Web ブラウザで "unity hub" で検索しても見つかると思います。[Windows

用ダウンロード] または [Mac用ダウンロード] をクリックして、インストーラを保存します。Macの場合は1-2-3へ、Windowsの場合は1-2-4へ進んでください。

図1.3 Unity Hubのダウンロードページ

1-2-3 UnityHubのインストール(Mac)

「ダウンロード」フォルダにダウンロードされた、UnityHubのインストーラ "UnityHubSetup.dmg" をダブルクリックしてインストールを開始します(図1.4)。

図1.4 MacのUnityHubのインストーラ

利用規約が表示されるので、[Agree]をクリックし、「"UnityHubSetup.dmg"を開いています...」というダイアログが表示されるので終了するまで待ちます。

「Unity Hub」アイコンを「Applications」アイコンにドラッグ＆ドロップします（図1.5）。

図1.5 「Unity Hub」を「Applications」にドロップ

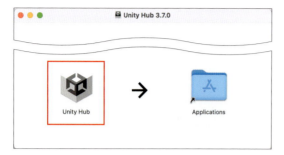

「アプリケーション」フォルダにコピーされるので、ダブルクリックしてUnity Hubを起動します（図1.6）。

図1.7の"UnityHub"を開いてよいかの確認ダイアログが表示されるので、［開く］をクリックします。

図1.6 「アプリケーション」フォルダにコピーされた「Unity Hub」

図1.7 "UnityHub"を開いてよいかの確認ダイアログ

1-2-4 UnityHubのインストール（Windows）

「ダウンロード」フォルダにダウンロードされた、UnityHubのインストーラ"UnityHubSetup.exe"をダブルクリックしてセットアップウィザードを起動します（図1.8）。

図1.8 WindowsのUnityHubのインストーラ

ライセンス契約書が表示されるので[同意する]を押し、インストール先を選択します。通常そのままで大丈夫です。

インストールが完了したら[完了]ボタンを押します(図1.9)。UnityHubが起動します。1-2-5に進んでください。

図1.9 UnityHubのインストール完了

1-2-5 Unity IDの作成

Unityを始めるためには「Unityのアカウント」となるUnity IDが必要になります。これは、Unityを始めるだけでなく、次のUnityの各種サービスを利用する際にも必要になります。

・Unityアセットストアでアセットの購入
・ゲーム内広告サービスUnityAdsの利用
・その他、クラッシュレポートなどの各種サービスの利用

Unity IDを持っていない場合は、ここで作成しましょう。UnityHubを起動したら、[Create account]ボタンを押します(図1.10)。

図1.10 UnityHubの起動画面

ブラウザが開いて、Unity IDの作成画面（**図1.11**）が表示されます。ここでは、メールアドレスでUnity IDを作成する手順を解説します（ウィンドウ下部にアイコンがあるように、GmailやFacebook、AppleID認証でもUnity IDを作成できます）。各項目は、**表1.2**のようになっています。

図1.11 Unity IDの作成画面

表1.2 ［Create a Unity ID］の入力項目

項目	意味
Email	Eメールアドレスを入力します。
Password	パスワードを決めます。
Username	好きなユーザー名を入力します。アルファベットと数値が使えます。
Full name	Unityからのメールで表示されます。好きな名前で良いでしょう。日本語も使えます。

　3つあるチェックボックスのうち、上の2つはチェックが必須です①。最後のチェックボックスは任意で、ここにチェックを入れるとUnityから製品に関することや広告のメールが送られてきます。

　全て入力したら、［私はロボットではありません］にチェックを入れて［Create a Unity ID］ボタンを押します。何か問題があれば間違い箇所が指摘されます。その場合はその箇所を修正して再度［Create a Unity ID］ボタンを押します。

　「Confirm your Email」画面が表示されます。このままにしておきます。

　Unityから確認メール（**図1.12**）が送られて来るので、そのメールを開きます。メールの中に "Link to confirm email" というリンクがあるので、クリックします。

　Webブラウザが開いたページの［私はロボットではありません］にチェックを入れて「verify」ボタンを押します。

　Webブラウザが開いて、「Sign into your Unity ID」画面が表示されます（**図1.13**）。メールアドレスとパスワードを入力して、［Sig in］ボタンを押します。

図1.12 Unityからの確認メール

図1.13 「Sign into your Unity ID」画面

「My Account your Unity ID」画面が表示されます。ひとまずこのままにしておきます。
Unity Hubに戻って［Sign in］ボタンを押します（図1.14）。

図1.14 Unity Hubにサインイン画面

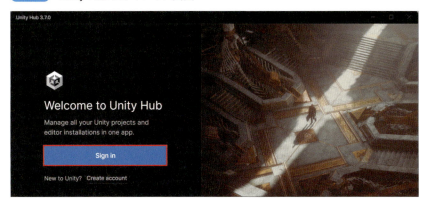

Webブラウザが開き、「Unity Hub を開きますか？」（図1.15）と表示されたら、［Unity Hub を開く］をクリックします（もし「Sign into your Unity ID」画面が表示された場合は、Emailアドレスとパスワードを入力して［Sign in］ボタンを押します）。

Unity Hubで「Welcome to the new Hub」画面が出たら、［Got it］を押します。

図1.15 「Unity Hubを開きますか？」画面

1-3 Unity 開発の環境を作ろう

ここでは、前節の UnityHub のインストールから引き続き Unity のインストールを行っていきます。まず Unity を使用するのに必要となる無料の個人ライセンスの取得とインストール方法について解説します。

1-3-1 Unity6のインストール

　Unityには複数のバージョンがあります。過去にリリースしたバージョンや、まだ開発中のバージョン、そして現在使用を推奨している安定版バージョンなどがあります。ここでは最新のUnity6をインストールしていきます。

　前節から引き続いて、「Everyday Creativity starts here」の画面が表示されている場合、[Got it] ボタンをクリックします（図1.16）。

図1.16　Unity Hubの最初の画面

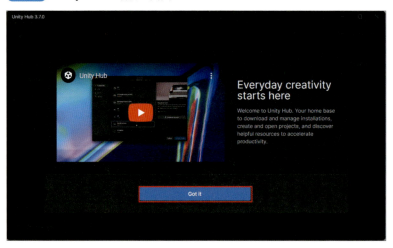

　「Install Unity Editor」画面では、[Skip installation]をクリックします（図1.17）。

図1.17 「Install Unity Editor」画面

「Get Unity Personal」ウィンドウが表示されます。[Agree]ボタンをクリックします。

1-3-2 Unity Hubの日本語化

左上の歯車ボタンをクリックし（図1.22）、「Preferences」画面で[Appearance]をクリックします。「Language」を[日本語]に変えます。右上の ✕ ボタンをクリックします（図1.23）。

図1.22 トップ画面

図1.23 「Preferences」画面

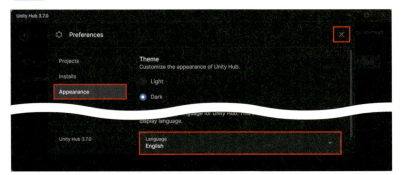

1-3-3 Unityのインストール（Mac）

左の「インストール」をクリックして、右上の［エディターをインストール］をクリックします（図1.18）。

図1.18 「インストール」画面

［正式リリース］から、お使いのMacのCPU（AppleシリコンまたはIntel）の「Unity6」の最新バージョンを選び、［インストール］ボタンをクリックします（図1.19）。

図1.19 「Unity Editorをインストール」画面

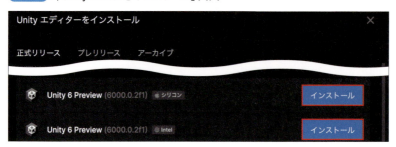

［Visual Studio for Mac］にチェックを入れ、右下の［続行する］ボタンをクリックします（図1.20）。

図1.20 「モジュールを加える」画面

利用規約のチェックボックスにチェックを入れ、［インストール］ボタンをクリックします。途中でパスワードを求めるダイアログが表示されたら、Macのログインパスワードを入力します。Unityのインストールが完了したら、右上の ❌ ボタンをクリックします。

1-3-4 Unityのインストール（Windows）

左の［インストール］をクリックして、右上の［エディターをインストール］をクリックします（図1.21）。

図1.21 「インストール」画面

［正式リリース］の「Unity6」の最新バージョンを選んで、［インストール］ボタンをクリックします（図1.22）。

図1.22 「Unity Editorをインストール」画面

［Microsoft Visual Studio Community 2022］にチェックを入れ、右下の［続行する］ボタンをクリックします（図1.23）。

図1.23 「モジュールを加える」画面

利用規約のチェックボックスにチェックを入れ、［インストール］ボタンをクリックします（図1.24）。Visual Studio Installerダイアログボックスが開いたら、［続行］をクリックします。

図1.24 Visual Studioの利用規約画面

　[.NETデスクトップ開発]と[Unityによるゲーム開発]にチェックを入れ、右下の[インストール]ボタンをクリックします（図1.25）。

図1.25 Visual Studio Installerワークロード画面

　「Visual Studioにサインイン」画面が表示されます。一旦[今はスキップ]します（図1.26）。

図1.26 「Visual Studioにサインイン」画面

　「Visual Studioエクスペリエンスをパーソナライズする」画面が表示されるので、右上の ✕ を押して一旦Visual Studioを終了します（図1.27）。

図1.27 「パーソナライズ」画面

「Visual Studio 終了」ダイアログが表示されるので、[はい] をクリックします（図1.28）。「Visual Studio Installer」の右上の ✕ ボタンをクリックして終了し（図1.29）、「Unity Hub」に戻ると、インストールが完了しています。

図1.28 「Visual Studio 終了」ダイアログ

図1.29 「Visual Studio Installer」を終了

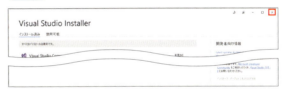

1-3-5 Unityのライセンスの追加

Unityを使用可能にするために必要な無料の個人ライセンスを取得していきます。左上の歯車ボタンをクリックして「環境設定」を開きます。

[ライセンス] をクリックし、右上の [追加] ボタンをクリックします（図1.30）。

図1.30 「環境設定」画面

ライセンスの追加画面が表示されるので、[無料のPersonalライセンスを取得] をクリックします（図1.31）。

図1.31 ライセンスの追加画面

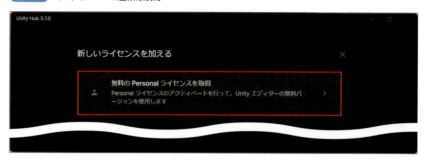

「Unity Personalを取得」ウィンドウが表示されるので、利用規約を確認の上、[同意してPersonalのライセンスを取得]をクリックします（図1.32）。

図1.32 利用規約に同意画面

「Personalのライセンス」がインストールされるので、右上の ❌ ボタンをクリックして閉じます。

これで、Unityの起動準備ができました。

1-3-6 Unityの起動

早速Unityエディタを使っていきたいと思います。そのために、まずプロジェクトを作成する必要があります。プロジェクトとは、ひとつのゲーム単位で作成します。PCやMacのドライブ上にプロジェクト名のフォルダが作られ、その子階層に作成するゲームに必要な全てのデータが格納されます。

UnityHubの左側の[プロジェクト]を選びます。右上の[新しいプロジェクト]のボタンを押すと（図1.33）、新規プロジェクトの作成画面が表示されます（図1.34）。

図1.33 プロジェクト画面

図1.34 新規プロジェクト作成画面

テンプレートの種類が複数あるので、表1.3で主なテンプレートを簡単に説明しておきます。

表1.3 主なテンプレート

種類	解説
2D（Built-In Render Pipeline）	従来から使われている2Dゲームの作成を始めるのに適したテンプレートです。
3D（Built-In Render Pipeline）	従来から使われている3Dゲームの作成を始めるのに適したテンプレートです。
High Definition 3D	高機能なプラットフォームで実行することを念頭においた新しいレンダーパイプラインを用いて、3Dゲームの作成を始めるのに適したテンプレートです。
Universal 2D	幅広いプラットフォームに対応した新しいレンダーパイプラインを用いて、2Dゲームの作成を始めるのに適したテンプレートです。
Universal 3D	幅広いプラットフォームに対応した新しいレンダーパイプラインを用いて、3Dゲームの作成を始めるのに適したテンプレートです。
3D Mobile	AndroidやiOSで3Dゲームの作成を始めるのに適したテンプレートです。
2D Mobile	AndroidやiOSで2Dゲームの作成を始めるのに適したテンプレートです。

この他にも、各種サンプルやUnityの使い方を学ぶための小さな構成のマイクロゲームのテンプレートがあります。今回は「Universal 3D」のテンプレートを使ってみましょう。「テンプレートをダウンロード」が表示されている場合はクリックします。

プロジェクト設定の「プロジェクト名」と「保存場所」と「Unity組織」を設定します。［Unity Cloudに接続］は今回はチェックを外します。［プロジェクトを作成］を押します（図1.35）。「プロジェクト名」は自由に決めることができます。Windowsの場合、同期で処理が遅くなるため保存場所をOneDriveのフォルダにするのは避けた方が良いです。また外付けのドライブもアクセスが遅い場合があるので、内蔵ドライブにプロジェクトを作成することを推奨します。

図1.35　プロジェクトを作成

プロジェクトの作成が始まり、しばらくするとUnity Editorの画面が表示されます（図1.36）。

図1.36　Unity Editor画面

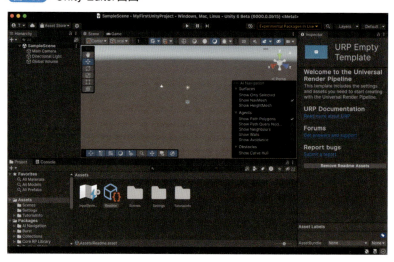

1-3-7　サンプルプロジェクトのインポート

公式のサンプルプロジェクトをインポートしてみましょう。Unityのアセットストアで配布されている「Starter Assets: Character Controllers｜URP」を使ってみようと思います。

1 Unityアセットストアを開く

WebブラウザでGUnity Asset Storeを開き、サインインします（図1.37）。スクロールしてページの左下の方に「Language > 日本語」の設定ボタンがあります。ただし全てが日本語に置き換わるわけではありません。

図1.37 「Unity Asset Store」画面

2 アセットの追加

アセットストアで「Starter Assets: Character Controllers｜URP」を検索して、[マイアセットに追加する]（英語設定の場合 [Add to My Assets]）ボタンをクリックします（図1.38）。ブラウザで [Unityで開く] というボタンのあるウィンドウが表示された場合は、ボタンをクリックして開きます。または、先程の [マイアセットに追加する] ボタンが [Unityで開く]（英語設定の場合 [Open in Unity]）に変わっているのでそのボタンをクリックします。そうすると、「Unity Editor」に切り替わり「Package Manager」のウィンドウが開きます。

もし「Unity Editor」に切り替わらない場合は、「Unity Editor」のメニューから [Window] → [Package Manager] を選ぶと「Package Manager」のウィンドウが開きます。

図1.38 「Starter Assets: Character Controllers」

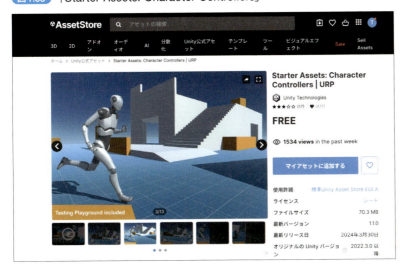

3 Unityにダウンロード

「Package Manager」（図1.39）のウィンドウが開いたら、[Starter Assets: Character Controllers]を選択し、右上の[Download]ボタンをクリックします（もし見つからない場合は、サインインしていることを確認して、下部の丸まっている矢印のボタン、または[Load]ボタンが表示されている場合はそれをクリックしてみます）。

図1.39 「Package Manager」

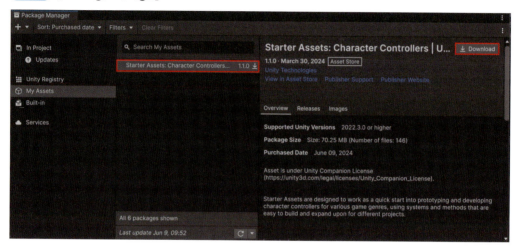

4 Unityにインポート

ダウンロードが終わったらボタンが[Import 1.0.1 to Project]（"1.0.1"は異なるかもしれません）に変わるのでクリックするとインポートが始まります。インポート中に表示される可能性のあるダイアログを図1.40に示します。基本的に[Install/Upgrade]や[Yes]をクリックします。Unityはプロジェクト設定を変更するために再起動することもあります。再起動したら、再度「Package Manager」を開いて、「Starter Assets: Character Controllers」をインポートしてください。

図1.40 インポート中に表示されるダイアログ

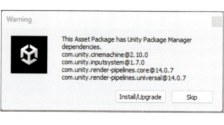

5 パッケージのインポート

「Import Unity Package」ダイアログ（図1.41）が開いたら［Import］ボタンをクリックします。インポートが始まるので終わるまで待ちます。

図1.41 「Import Unity Package」ダイアログ

　サンプルプロジェクトのインポートが終わりましたら、次からUnity Editorの使い方を見ていきます。

1-4 Unityのインターフェースを理解しよう

ここでは、起動したUnity Editorに表示されている表示領域（View・ビュー）について解説します。これらのビューはゲーム開発時最もよく使う場所になります。各ビューの意味を理解して使い方をマスターしていきましょう。またビューは好きなようにレイアウトを変更することも可能です。各ビューの上部のタブの部分をドラッグすることで位置を変更することができます。

1-4-1 「Project」（プロジェクト）ウィンドウ

「Project」ウィンドウ（図1.42）は、このプロジェクトにある全てのアセット（画像、モデル、アニメーション、サウンドファイル等）をフォルダ構造で表示しています。先程インポートした「Starter Assets: Character Controllers」も "Assets/StarterAssets" に入っています。

サンプルのシーンをロードしてみましょう。シーンとはゲームでいうところのひとつのステージにあたります。"Assets/StarterAssets/Sample/ThirdPersonController/Playground.unity" をダブルクリックしましょう。上にある「Scene」ビューにシーンが表示されたと思います。尚、アイコンに表示されているファイル名に拡張子は表示されません。クリックしたとき、下部の表示領域にファイルのフルパスと拡張子が表示されています。Unityのシーンの拡張子は、"unity" になります。

図1.42 「Project」ウィンドウ

Appleシリコンの Mac の場合、下部に黄色い文字で "The Progressive CPU lightmapper is not supported on Apple silicon, switching to the Progressive GPU lightmapper." と表示されることがあります。この修正方法は、メニューから「Window → Rendering → Lighting」でライト設定のウィンドウを開きます（図1.43）。

「Lightmapping Setting」の「Lightmapper」を「Progressive GPU」に変更します。Consoleウィンドウで[Clear]ボタンを押すとこの警告表示も消えます。

図1.43 ライト設定のウィンドウ

「Project」ウィンドウの左側のツリー構造は、フォルダ構成を表示しています。このあたりはWindowsのファイルエクスプローラーと同じように、フォルダを選択したり階層を展開することができ、その右のビューに選択されているフォルダに存在するファイルのアイコンが表示されます。アイコンの右クリックでメニューが開き、新規アセットを生成したり、ファイルを削除したり、名前を変更したりできます。また右下のスライダーでアイコンのサイズを変更できます。

右上にある「縦の3点」のボタン をクリックすると、メニューが表示されます（図1.44）。「One Column Layout」は、ツリーが表示されないレイアウトになります。初期状態は「Two Column Layout」です。「Add Tab」は各ビューを追加します。例えば、「Project」ウィンドウを2つ表示することも可能です。

図1.44 「Project」ウィンドウのレイアウトメニュー

Chapter 1　Unityをはじめよう

「Project」ウィンドウのツールバー（図1.45）の機能を表1.4にまとめます。

図1.45　「Project」ウィンドウのツールバー

① ② ③ ④ ⑤ ⑥ ⑦ ⑧

表1.4　「Project」ウィンドウのツールバーのボタンの機能

番号	機能
①	現在選択されているフォルダにアセットを追加するメニューを表示します。
②	検索フィールドです。プロジェクト内のアセットをファイル名や種類などで検索できます。
③	検索ウィンドウが表示されます。より詳細に検索を行いたい場合に使います。
④	クリックするとメニューが開き、アセットのタイプ別（TextureやSceneなど）で検索ができます。
⑤	アセットに付けたラベルで検索を行います。ラベルは「Inspector」ウィンドウの右下の鉛筆アイコンから設定できます。
⑥	アセットにエラーまたは警告のあるものを検索します。
⑦	検索結果を「Favorites」（お気に入り）に登録します。「Favorites」はツリー表示の一番上にあります。
⑧	ツリー表示の "packages" で表示されていないパッケージの表示ON/OFFを切り替えます。数字は表示されていないパッケージの数です。

「Project」ウィンドウの下部には、選択しているファイルのフルパス名が表示されます。ここには拡張子も含めたファイル名が表示されます。例えば、シーンファイルは拡張子が".unity"です。

1-4-2　「Game」（ゲーム）ビュー

ゲームビューは、実際のゲーム画面を表示しています（図1.46）。

上部の「再生」（右向き三角）、「一時停止」（縦の2重線）、「コマ送り」（右向き三角に縦の線）ボタンで実行を制御できます。「再生」ボタンをクリックするとゲームが開始し、「再生」ボタンは「停止」ボタン（四角）に変わります。

それでは、再生してゲームを実行してみましょう。操作方法は、キーボードの W A S D かゲームパッドを接続している場合は左スティックでキャラクターを操作できます。左 Shift キーか左トリガーボタンを押しながらで走ります。スペースキーまたは下ボタンでジャンプします。カメラはマウスか右スティックで操作できます。停止するには「停止」ボタンをクリックします。

左から順に上部のボタンの説明を表1.5にまとめます。

32

図1.46 Gameビュー

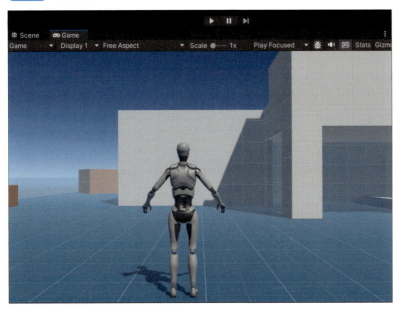

表1.5 Gameビューのボタンの機能

ボタン	機能
Game/Simulator	Simulatorを選ぶと、iPhoneやandroidの画面解像度で表示できます。
Display	シーンに複数のカメラがある場合に、切り替えます。
Aspect	画面の縦横比率や、解像度を指定します。Full HD（1920x1080）や、4K（3840x2160）などが選べます。
Scale	Gameビューを拡大します。
虫のアイコン	フレームデバッガーウィンドウを表示します。レンダリングを詳しく解析する場合に使用します。
Play in Window	再生したときにウィンドウを「Windowモード」「最大化ウィンドウ」「フルスクリーン」で実行します。
スピーカーのアイコン	音声を「再生する / しない」を設定できます。
キーボードのアイコン	再生中にキーボードショートカットを無効にします。例えば無効にしておくと Ctrl + H でUnityのウィンドウが隠れなくなります。
Stats	オーディオとグラフィックの情報を表示します。
Gizmos	エディターの各種アイコンの表示をON/OFFします。

1-4-3 「Scene」（シーン）ビュー

「Scene」ビューは、現在制作しているシーンの編集画面です（図1.47）。キャラクターやカメラ、背景、ライトなど、この世界を構成するすべての要素（ゲームオブジェクトと呼ぶ）が配置されています。ゲーム制作時に最も良く使うビューになります。マウスクリックでゲームオブジェクトを選択すると、「Hierarchy」ウィンドウでも選択され、「Inspector」ウィンドウ

にはそのゲームオブジェクトの情報が表示されます。またゲームオブジェクトを移動したり回転したり拡大縮小したりなどの操作を行えます。

図1.47　「Scene」ビュー

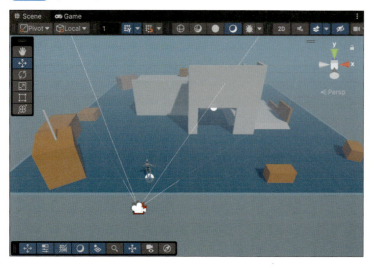

「Scene」ビューの「Overlay Menu」

左下に表示されているツールバーは「Overlay Menu」で、各ツールバーの表示/非表示を設定します。このオーバーレイメニューは、「Scene」ビューの右上の縦三点をクリックして表示される「Overlay Menu」と機能は同じです（図1.48）。「Enable Overlays」のチェックボックスは全てのツールバーの表示/非表示を行います。

図1.48　Overlay Menu

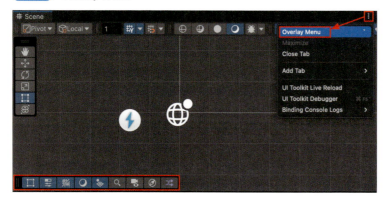

図1.49に、オーバーレイメニューの各ボタンがどのツールバーの表示/非表示に対応しているかを示します。

1-4 **Unityのインターフェースを理解しよう**

図1.49 Overlay Menuの表示/非表示

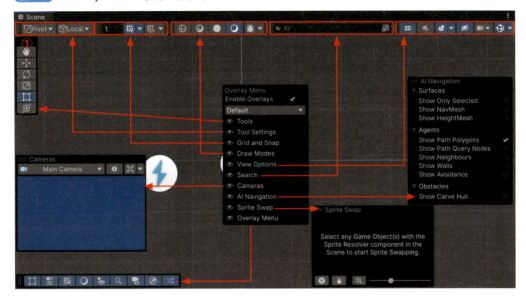

「Scene」ビューのツールバー

「Scene」ビューの左上に表示されているツールバーで視点やゲームオブジェクトの操作を行います。尚このツールバーを右クリックすると、コンテキストメニューが現れて横向き（Horizontal）や縦向き（Vertical）に変更できます（図1.50）。

「Scene」ビューのツールバーのショートカット

シーンビューのツールバー（図1.51）でのショートカットキーと機能を表1.6にまとめます。

図1.50 シーンビューのツールバーの縦横設定

図1.51 シーンビューのツールバー

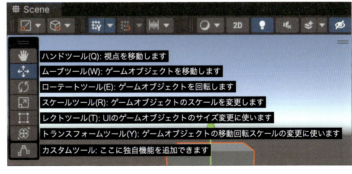

35

Chapter 1　Unityをはじめよう

表1.6　「Scene」ビューでのショートカットキー

ショートカットキー	ツール名	機能
上下左右		視点を前後左右に移動します。
Q	ハンドツール	視点を移動します。
W	ムーブツール	ゲームオブジェクトを移動します。
E	ローテートツール	ゲームオブジェクトを回転します。
R	スケールツール	ゲームオブジェクトのスケールを変更します。
T	レクトツール	UIのゲームオブジェクトのサイズを変更します。
Y	トランスフォームツール	ゲームオブジェクトの移動回転スケールを変更します。

ハンドツール

「ハンドツール」でのマウス操作を**表1.7**にまとめます。 Shift キーを押しながら操作すると移動やズームが速くなります。

表1.7　ハンドツールでのカメラの操作方法

カメラ操作	説明
移動	マウス左ボタンドラッグで、カメラを移動します。
回転	Alt （Windows）キーまたは、 Option キー（Mac）を押しながら、マウス左ボタンドラッグでピボット（ゲームオブジェクトの回転の中心）を中心にカメラを回します。
ズーム	Alt （Windows）キーまたは、 Option キー（Mac）を押しながら、マウス右ボタンドラッグで、カメラを奥や手前に移動します。

また、ハンドツールを選択していない場合でも、**表1.8**のカメラ操作が行えます。

表1.8　いつでもカメラを操作する方法

カメラ操作	3ボタンマウス	2ボタンマウス
移動	マウスの中央ボタンでドラッグします。	Windowsでは Alt キーと Control キーと左ボタンを押しながらドラッグします。Macでは、 Option キー＋ Command キーと左ボタンを押しながらドラッグします。
回転（3Dモード）	Alt （Windows）キーまたは、 Option キー（Mac）を押しながら、マウス左ボタンドラッグでピボット（ゲームオブジェクトの回転の中心）を中心にカメラを回します。	Alt （Windows）キーまたは、 Option キー（Mac）を押しながら、マウス左ボタンドラッグでピボット（ゲームオブジェクトの回転の中心）を中心にカメラを回します。
ズーム	マウスホイールを使用するか、 Alt （Windows）キーまたは、 Option キー（Mac）を押しながら、マウス右ボタンドラッグでカメラを奥や手前に移動します。	Alt （Windows）キーまたは、 Option キー（Mac）を押しながら、マウス右ボタンドラッグで、カメラを奥や手前に移動します。

フライスルーモード

　フライスルーモードとはシーン内を自由に移動できるモードです。マウス右クリックしたまま、キーボードの`W``A``S``D`で視点を前後左右に移動できます。また`Q`と`E`で上下に移動できます（図1.52）。`Shift`キーを押しながらだと、さらに速く動きます。マウスのホイールを回しても移動速度を変更できます。

視点移動の速度の変更

　シーンビューの上部のツールバーのカメラアイコンをクリック（図1.57）し、「Camera Speed」のスライダーを変更することで視点の移動の速度を変更できます。

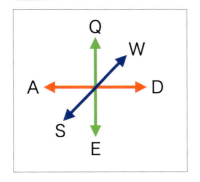

図1.52　フライスルーモードのキー操作

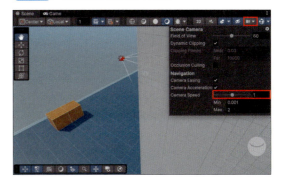

図1.57　視点移動の速度の変更

よく使うキーボード操作

　ゲームオブジェクトの操作の前に知っておきたいキーボードショートカットを表1.9にまとめます。

表1.9　キーボードショートカットキー

Windows	Mac	機能
`F`	`F`	ゲームオブジェクトをシーンビューの中央に持ってきます。
`Control`＋`Z`	`Command`＋`Z`	Undoです。行った操作を1つずつ戻します。
`Control`＋`Shift`＋`Z`	`Command`＋`Shift`＋`Z`	Redoです。Undoしたものを1つ戻します。

ムーブツール

　ゲームオブジェクトの座標を変更します。X（赤）Y（緑）Z（青）の各矢印をドラッグしてその軸の方向へ移動できます。また中央の赤緑青の四角形の箇所をドラッグして平面上で移動できます（図1.54）。

ローテートツール

　ゲームオブジェクトを回転します。ゲームオブジェクトに球形のX（赤）Y（緑）Z（青）軸用の リングが現れます。このリングをドラッグすることによりゲームオブジェクトを回転させるこ とができます（図1.55）。

図1.54　ムーブツールでゲームオブジェクトの移動　　図1.55　ローテートツールでゲームオブジェクトを回転

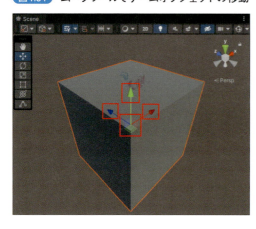 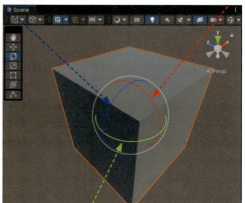

スケールツール

　ゲームオブジェクトを拡大縮小します。X（赤）Y（緑）Z（青）軸用の線をドラッグするとそれ ぞれの軸の方向で拡大縮小します。また中央の立方体をドラッグするとすべての軸方向に拡大 縮小します（図1.56）。

図1.56　スケールツールでゲームオブジェクトを拡大縮小

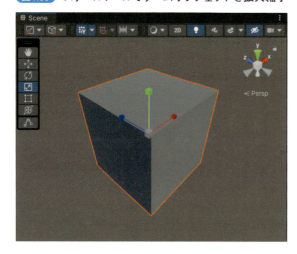

レクトツール

　レクトツールは、UIやスプライトで主に使用されます。ですが、3Dオブジェクトでも次の

操作が可能です（図1.57）。

- 白枠の4角形の内側をドラッグでゲームオブジェクトの移動
- 青丸ドラッグでゲームオブジェクトの2方向拡大縮小
- 白枠でドラッグでゲームオブジェクトの1方向拡大縮小
- 青丸の外側ドラッグでゲームオブジェクトの回転

トランスフォームツール

　トランスフォームツールは、ゲームオブジェクトの移動、回転、スケール変更を行うことができます。移動用の矢印と、回転用のリング、中心にスケール変更用のボックスがあります（図1.58）。

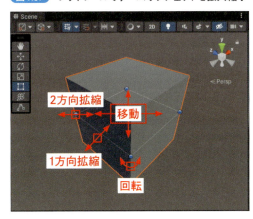

図1.57　レクトツールでゲームオブジェクトを拡大縮小

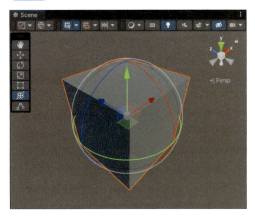

図1.58　トランスフォームツール

シーンギズモ

　シーンビューの右上には「シーンギズモ」が表示されています（図1.59）。シーンギズモは現在の軸の方向を示すだけでなく、クリックする場所により視点や視野の変更が行えます。パースをかけずにレイアウトを調整する場合にも使います。

図1.59　シーンギズモ

- X,Y,Zの円錐をクリックすると、その方向から見た視点に切り替わります
- 中心のボックスまたは下部の「←Persp」をクリックすると、パースペクティブ（透視投影）とアイソメトリック（等角投影）が切り替わります
- マウスの右クリックでメニューが表示されるので、そこから変更もできます
- 右上の鍵をロックすると、視点の回転が無効になります

1-4-4 「Hierarchy」(ヒエラルキー) ウィンドウ

「Hierarchy」ウィンドウは、現在制作しているシーンにあるすべてのゲームオブジェクト (ゲームの部品) を親子関係を含めて表示しています (図1.60)。項目を選択すると、「Scene」ビューでも選択され、「Inspector」ウィンドウにはそのゲームオブジェクトの情報が表示されます。

表1.10に「Hierarchy」ウィンドウのボタン等の機能をまとめます。

図1.60 「Hierarchy」ウィンドウ

表1.10 「Hierarchy」ウィンドウの主な機能

番号	機能
①	プラスボタンは、このシーンに新しいゲームオブジェクトを配置するメニューが表示されます。カメラやライトや単純な形状の 3D モデルを配置できます。
②	「Hierarchy」ウィンドウ内で、ゲームオブジェクトを名前や種類で検索します。
③	Unity の検索ウィンドウを表示します。より詳細に検索したい場合に使います。
④	目のアイコンは、表示 / 非表示を切り替えます。
⑤	指のアイコンは、「Scene」ビューで選択できるかどうかを切り替えます。後ろにあるゲームオブジェクトを選択したい場合などに使います。
⑥	「右向き三角」をクリックすると、子のゲームオブジェクトが表示され階層構造が分かるようになっています。

1-4-5 「Inspector」(インスペクター) ウィンドウ

「Inspector」ウィンドウは、現在選択しているものの情報を表示および編集します (図1.61)。例えば「Hierarchy」ウィンドウや「Scene」ビューでゲームオブジェクトを選択した場合、その情報が表示されプロパティの変更ができます。

「Inspector」ウィンドウの各機能を表1.11にまとめます。

図1.61 「Inspector」ウィンドウ

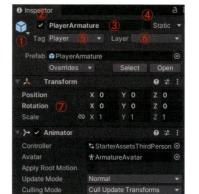

表1.11 「Inspector」ウィンドウの機能

番号	機能
①	アイコンを変更します。これは単にエディタ上で識別しやすくするためのものです。
②	このチェックボックスのチェックを外すと、このゲームオブジェクトは一時的に存在しないものとします。テスト用で置いているゲームオブジェクトなどで使います。
③	このゲームオブジェクトの名前です。変更できます。
④	Static にチェックを入れると、静止して動かないものとします。パフォーマンスの改善のために使います。
⑤	Tag は、実行時にゲームオブジェクトを識別するために使います。好きな名前をつけることができます。
⑥	Layer は、実行時にゲームオブジェクトの分類で使用します。例えば、衝突時の判定で使います。
⑦	ゲームオブジェクトの、座標、回転角、拡大縮小率を指定します。

その下の「Animator」などは、ゲームオブジェクトの機能を拡張するコンポーネントと呼ばれるものです。このコンポーネントを追加していくことによって、ゲームオブジェクトが何になるのかが決まります。コンポーネントは複数追加できます。またコンポーネントはユーザーがプログラムを組んで作ることができます。例えば、「Animator」はキャラクターのアニメーションを行う機能を持っています。「Camera」はカメラの機能を持っていて、Game ビューにカメラから見た映像を表示します。「Light」はライトの機能を持っていて、ゲームオブジェクトを照らします。

1-4-6 「Console」（コンソール）ウィンドウ

「Console」ウィンドウは、Unityによって発生したエラー、警告、その他のメッセージ（ログ）を表示します（図1.62）。エラー、警告、メッセージは表示/非表示を切り替えることもできます。プログラムの間違いが表示されたり、実行時の動作確認でも使用します。

ボタンの説明を表1.12にまとめます。

図1.62 「Console」ウィンドウ

表1.12 「Console」ウィンドウのボタンの機能

番号	機能
①	「Clear」をクリックすると、コンソールの表示をすべて消去します。
②	「下向き三角」をクリックするとコンソールを消去するタイミングを指定できます。「Clear on Play」は再生モードに入るときにコンソールを消去します。「Clear on Build」はビルドするときにコンソールを消去します。「Clear on Recompile」はプロジェクトを再コンパイルするときにコンソールを消去します。
③	「Collapse」をONにすると、繰り返し発生するエラーメッセージの最初のものだけを表示します。
④	「Error Pause」はエラーログの "Debug.LogError" が表示される度に、再生を一時停止します。
⑤	「Editor」はリモート接続の設定ウィンドウが表示されます。別のデバイスで動いているUnityと接続する場合に使用します。
⑥	検索ボックスです。ここにテキストを入力すると、一致するコンソール出力をフィルターします。
⑦	3つのビックリマークの箇所の数値は、通常ログ、警告ログ、エラーログの数をそれぞれ表示し、クリックしてONにするとその種類のエラーメッセージの表示のON/OFFができます。

1-4-7 プロジェクトのセーブ

　ゲーム作成を一時中断してUnityを終了するときには、プロジェクトを保存してから終了します。保存したプロジェクトはUnityHubからロードして、前回終了した状態から再開することができます。

　Unityを終了するとき以外にも、何かの不具合によってUnity Editorが急に終了してしまう場合に備えて、プロジェクトはこまめに保存しておきましょう。プロジェクトをセーブするには、メニューから [File] → [Save] あるいは Command + S （Windowsは Ctrl + S ）キーでセーブできます。また、Unity Editorを終了するときに、セーブされていないものがある場合、ダイアログが表示されてセーブするかどうか聞いてきます。

1-4-8 プロジェクトのロード

　Unity Hubから保存されたプロジェクトを開くことができます。Unity Hubの「プロジェクト」にこれまで開いたプロジェクトがリストで表示されています（図1.63）。開きたいプロジェクトをクリックすると、開くことができます。

図1.63 プロジェクトを開く

　この章で作成したプロジェクトを保存しておきましょう。

Chapter 2

玉転がしゲームを作ろう

早速Unityの使い方を学んでいきましょう。ここでは、C#のプログラムコードを書かずにUnityの基本機能を学んでいきます。滑り台のように配置したスロープ上を、ボールが転がっていくというものを作成してみましょう。

 開発を始めよう

ここでは、プロジェクトの作成と最初のシーンの保存を行います。そして、Unityの座標系についても学んでいきましょう。

2-1-1 プロジェクトの作成

図2.1が今回作成する玉転がしのイメージです。

図2.1 この章で作成する玉転がし

まず最初にプロジェクトを作成していきます。1つのアプリやゲーム単位に1つのプロジェクトを作成します。UnityHubを起動して、ウィンドウの左側の[プロジェクト]を選択します。

1 プロジェクトの設定

右上の[新しいプロジェクト]ボタンをクリックすると「新しいプロジェクト」のウィンドウが開きます。[すべてのテンプレート]、[Universel 3D]を選択します。「プロジェクト名」はゲー

ムのタイトル名のような好きな名前を付けます。ここでは「FallingBall」と入力します（もしこの場所に［テンプレートをダウンロード］ボタンが表示されている場合は、クリックします）。

次に、「保存場所」を設定します。例えば、自分のユーザーフォルダに「Unity」というフォルダを作成して指定します。「Unity Cloud に接続」のチェックは外します（図2.2）。

図2.2 「新しいプロジェクト」のウィンドウ

2 プロジェクトの作成

手順1の「プロジェクトを作成」ボタンをクリックします。「保存場所」の下に「プロジェクト名」のフォルダができて、その中に今回のプロジェクトで必要となるファイルが作成されます（図2.3、図2.4）。

図2.3 作成されたプロジェクトフォルダ（Mac）

Unity が起動すると図2.5のようなウィンドウが表示されます。これで開発を始める準備ができました。

Chapter 2　玉転がしゲームを作ろう

図2.4　作成されたプロジェクトフォルダ(Windows)

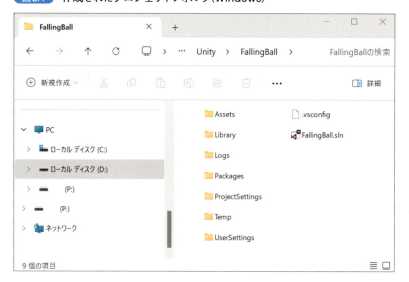

図2.5　起動したUnity

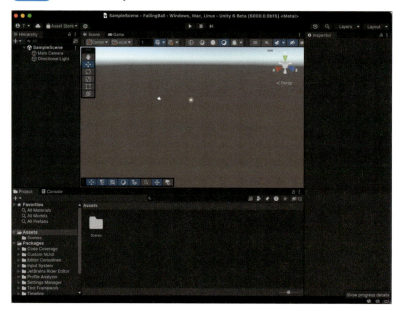

2-1-2　シーンの保存

　シーンの保存方法を確認しておきましょう。シーンとはタイトル画面やゲーム内の各ステージのように、画面が切り替わって表示される各場面のようなものです。Unityの起動時には「SampleScene」という名前のシーンが作成されています。このシーンを"main"という別名で保存してみましょう。

46

1 シーンの保存

Unityのメニューから[File]→[Save As...]を選択します。ファイル保存ダイアログが開くので、ファイル名を"main"、保存先のフォルダを"Scenes"にして、[Save]（WIndowsは[保存]）ボタンをクリックします。Macは図2.6、Windowsは図2.7です。

以降現在のシーンを保存する場合は、Unityのメニューから[File]→[Save]をクリックするか、Windowsは Ctrl キーを押しながら S キーを押します。万一のUnityのクラッシュに備えて、シーンに変更を加えたらこまめに保存してください。

図2.6　シーンの保存(Mac)

図2.7　シーンの保存(Windows)

2 保存された場所

保存した"main"シーンは、下部にある「Project」ウィンドウの"Assets/Scenes"フォルダに表示されます（図2.8）。

図2.8　保存されたmainシーンのファイル

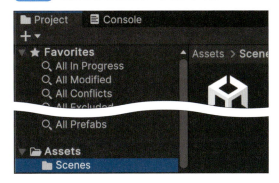

2-1-3 Unityの座標系

　Unityの座標系を理解しておきましょう。Unityエディタで、キャラクターや背景物などの配置されるすべてのものを「ゲームオブジェクト」と呼びます。このゲームオブジェクトを配置する空間の座標系を「ワールド座標系」と呼びます。ワールド座標系内で、ゲームオブジェクトの位置を示すのにX,Y,Z座標を用います。このとき各軸のプラス方向がどの向きなのかによって右手座標系と左手座標系に分かれます（図2.9）。

図2.9　右手系と左手系の座標系

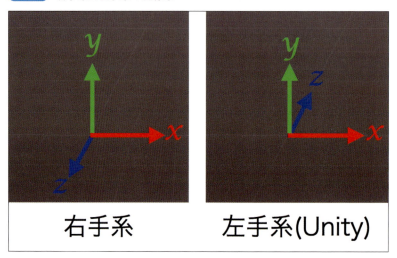

　Unityの場合は、左手座標系を用います。つまり、X座標は右がプラス方向で、Y座標は上がプラス方向、Z座標は奥がプラス方向になります。ゲーム中のキャラクター等を思ったように動かすには各軸のプラス方向がどちらなのかを理解しておく必要があります。

2-1-4 ワールド座標系とローカル座標系

　ワールド座標系の空間内にゲームオブジェクトを置いたとき、そのゲームオブジェクトの座標を基準とした相対的な座標系を「ローカル座標系」と呼びます。例えると、宇宙空間が絶対的な座標系のワールド座標空間で、太陽の位置をワールド座標の中心絶座標(0,0,0)と仮定します。地球は太陽を中心に公転していて、さらに自転もしています。このときの地球上の座標系をローカル座標と呼びます。地球上に人が立ち止まっている場合、地球のローカル座標系に相当する経度緯度で見ると動いていませんが、ワールド座標系では動いていることになります（図2.10）。

　モニターアームを例に、ゲームオブジェクトが親子関係にある場合のローカル座標の変化を見てみましょう。アームAの子がアームB、アームBの子がアームCとします（図2.11）。根本の関節Aを回転させると、子のアームBとCは連動して動きます。同様に関節Bを回転させる

とアームCも連動して回転します。このように親の回転は子へ継承されていきます。このように座標、回転、スケールも親から子へ継承されていきます。

図2.10 ワールド座標系とローカル座標系

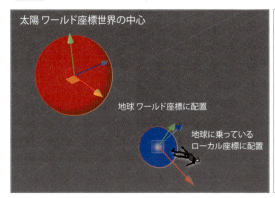

図2.11 モニターアームで見る親子関係

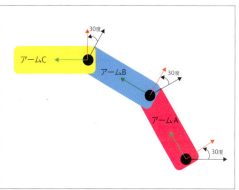

2-1-5 回転方向

　回転方向について見ていきましょう。Unityの回転方向は左ねじの法則と呼ばれる反時計回りがプラスの方向になります（図2.12）。X,Y,Z軸で回転角を指定する場合は、どの順番で軸を回転させるかによって物体の向きが変わります。つまり各軸で同じ角度を指定したとしても、x軸→y軸→z軸の順番で回転させた場合と、z軸→y軸→x軸で回転させた場合では最終的な向きが異なります。このように軸を順番に回転させる手法をオイラー角と呼びます。Unityエディタの「Inspector」ウィンドウで指定した場合は、Z→X→Y軸の順で回転します。

図2.12 回転方向

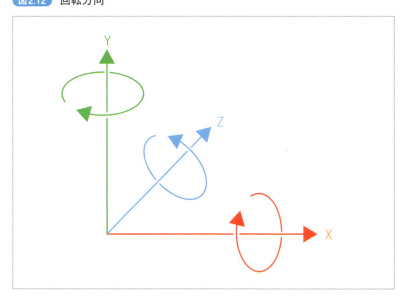

2-2 床を作ろう

ここでは、ゲームオブジェクトの"Cube"（立方体）を作成し、名前の変更の方法や、「Inspector」ウィンドウでの座標、回転、スケールの設定方法を学びます。最終的に"Cube"を引き伸ばして床のようにします。また「Scene」ビューや「Game」ビューでの見え方も確認しましょう。

2-2-1 Cubeの作成

基本的な形状の3DオブジェクトはUnityに予め用意されています。今回は立方体の"Cube"を作成していきます。

1 Cubeの作成

「Hierarchy」ウィンドウの ➕ ボタンをクリックし、[3D Object]を選択します。[Cube]をクリックします（図2.13）。

図2.13 "Cube"の作成

「Scene」ビューに"Cube"のゲームオブジェクトが表示されます（図2.14）。また、「Hierarchy」ウィンドウにも"Cube"が追加されています。

図2.14 追加された"Cube"

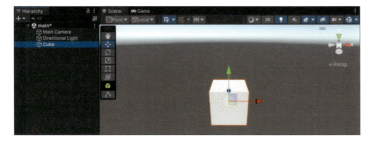

2-2-2 Cubeの名前変更

"Cube"を追加した直後は、「Hierarchy」ウィンドウに追加された"Cube"の名前を変更できる状態になっています。"Floor"と入力してEnterキーを押すと名前の変更が確定します（図2.15）。このとき全角ではなく半角英数で入力してください。

もし名前を変更できる状態になっていない場合は、「Hierarchy」ウィンドウの"Cube"を右クリックして開いたメニューから[Rename]を選択すると名前を変更できる状態になります（図2.16）。あるは「Hierarchy」ウィンドウの"Cube"をクリックしても名前を変更できる状態になります。

間違って"Cube"でないものを作成してしまった場合は、やりなおし（Undo・アンドゥ）ができます。メニューの[Edit]→[Undo]を選択するか、キーボードショートカットキーの Command + Z （Windowsは Control + Z ）でアンドゥできます。アンドゥを取り消す場合（Redo・リドゥ）はメニューの[Edit]→[Redo]を選択するか、キーボードショートカットキーの Shift + Command + Z （Windowsは Shift + Control + Z ）でリドゥできます。図2.17は間違って"Sphere"を作成した場合の[Edit]メニューです。[Undo Create Sphere]をクリックすると、"Sphere"の作成前に戻ります。他にも何か操作を失敗したときには、色々な箇所でこのUndoとRedoが使えるので、必ず覚えておきましょう。

図2.15 名前の変更

図2.16 名前の変更モードにする

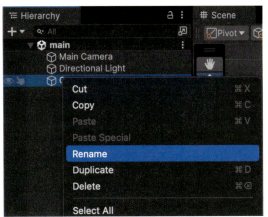

図2.17 [Edit]メニューにあるUndoとRedo

2-2-3 「Game」ビューと「Inspector」ウィンドウでの"Cube"の表示

「Game」ビューには、カメラ（Main Camera）から見た映像が表示されています。これが実際のゲーム画面になります。また「Inspector」ウィンドウには"Cube"の座標Positionなど詳細な情報が表示されています（図2.18）。

図2.18 "Cube"のインスペクター表示

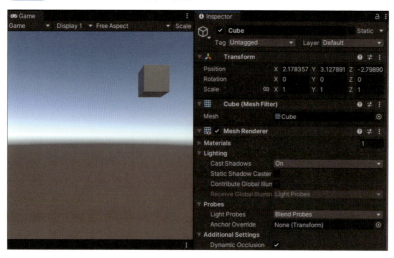

2-2-4 「Inspector」ウィンドウでの操作

「Inspector」ウィンドウでも選択している"Cube"の操作ができます。Position, Rotation, ScaleのX, Y, Zの文字のところにマウスカーソルを持っていくとマウスカーソルに左右矢印⇔が表示されます(図2.19)。ここでマウス左ボタンドラッグをすると値を変更できます。また、数値の表示されているテキスト入力に直接数値を入力しても値をセットできます。

図2.19 座標の移動・回転角・スケールの設定

2-2-5 Floorの位置や形状の変更

「Inspector」ウィンドウの操作方法が分かったところで、追加した"Floor"ゲームオブジェクトの位置(座標)や大きさを変更して、床のような見た目にしていきましょう。

1 Positionの変更

"Floor"の位置を変更するには、「Hierarchy」ウィンドウで"Floor"を選択して、「Inspector」ウィンドウのTransformのPositionを変更します。X座標、Y座標、Z座標の値を変更すると"Floor"の位置が変わります。ここでは、シーンの中心に置いてみます。X,Y,Zの値をすべて"0"にします（**図2.20**）。シーン上の"Floor"の位置が変わります。

図2.20 Positionの変更

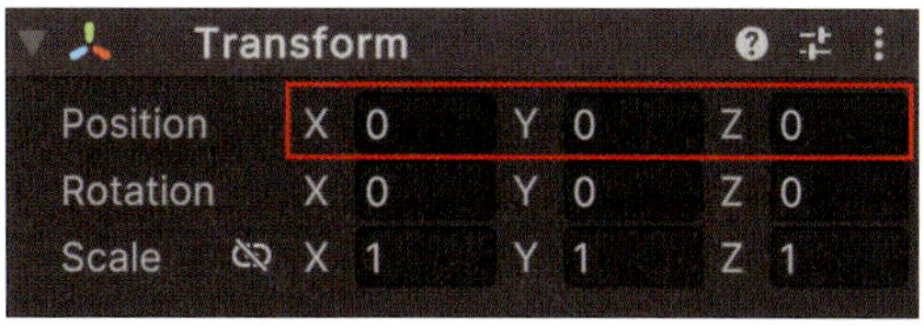

2 Scaleの変更

"Floor"にスケールをかけて、平らな床にしていきましょう。「Inspector」ウィンドウのTransformのScaleを変更します。(X,Y,Z)の値を(10, 0.1, 10)にしてみてください（**図2.21**）。幅と奥行を10倍にして、高さを1/10にしたことになります。

図2.21 Scaleの変更

3 「Scene」ビューで確認

「Hierarchy」ウィンドウの"Floor"をダブルクリックすると、「Scene」ビューの中央に表示されます。"Floor"が平らに広がって床のようになっていることが分かります（**図2.22**）。

図2.22 平らに広がった"Floor"

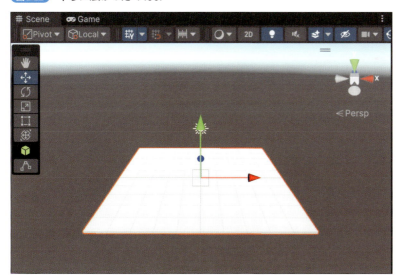

2-3 スロープを作ろう

ここでは、ボールが転がる滑り台のようなスロープを作成していきましょう。スロープは複数の"Cube"を組み合わせて、親子構造を持つ1つのゲームオブジェクトにします。また、ゲームオブジェクトの複製方法も学びます。

2-3-1 スロープの作成

ボールを転がす凹状のスロープを作っていきます。最初に親となる空のゲームオブジェクトを作成し、子として3つの"Cube"を追加して組み合わせてスロープを作ります。

1 親のゲームオブジェクトの作成

「Hierarchy」ウィンドウの + をクリックし、[Create Empty] をクリックします（図2.23）。"GameObject"という名前のゲームオブジェクトが追加されます。これを一番上の親とします。

図2.23 空のゲームオブジェクトの作成

2 名前の変更

追加直後は「Hierarchy」ウィンドウで名前を変更できる状態になっているので、"Slope1"に変更します。もし"GameObject"と名前が確定してしまった場合は、右クリックのメニューから [Rename] を選択し、名前入力状態にして"Slope1"に名前を変更します（図2.24）。

図2.24 追加された"Slope1"のゲームオブジェクト

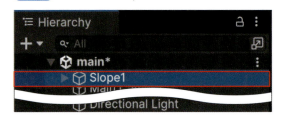

3 子に3つの"Cube"を作成

"Slope1"を右クリックし、表示されたメニューから [3D Object] → [Cube] の選択を3回繰り返して"Slope1"の子に"Cube"を3つ追加します（図2.25）。

図2.25 "Slope1"の子に追加された3つの"Cube"

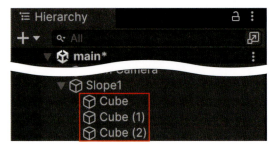

2-3 スロープを作ろう

4 "Slope1"の位置の調整

"Slope1"を見やすいように、シーンビューの移動ツールでY座標（緑の矢印）を上に移動します（図2.26）。また何もない場所でマウスの右ボタンを押したままドラッグして角度を回転したり、中ボタンを押したままドラッグで上下左右に位置を移動したり、マウスホイールで位置を前後に移動して調整してください。

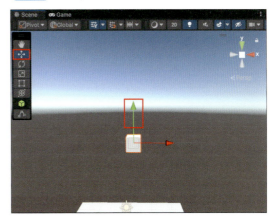

図2.26 "Slope1"を見やすい位置に移動

5 "Cube"の調整

"Cube"のScaleを(3, 0.1, 1)にします。これはスロープの底面になります（図2.27）。

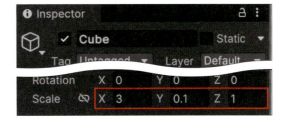

図2.27 底面となる"Cube"のScaleの設定

6 "Cube(1)"の調整

"Cube(1)"のPositionを(0, 0.2, 0.45)、Scaleを(3, 0.5, 0.1)にします（図2.28）。これはスロープの片方の側面になります。

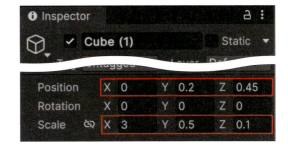

図2.28 側面となる"Cube(1)"のPositionとScaleの設定

7 "Cube(2)"の調整

"Cube(2)"のPositionを(0, 0.2, -0.45)、Scaleを(3, 0.5, 0.1)にします（図2.29）。これはスロープのもう片方の側面になります。

図2.29 もう片方の側面となる"Cube(2)"のPositionとScaleの設定

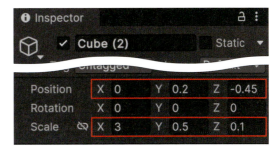

8 シーンビューで確認

シーンビューで確認すると滑り台のようなスロープができています（図2.30）。ハンドツールにして、マウスで視点の回転や移動を行ってみましょう。

図2.30 3つの"Cube"で作成したスロープ

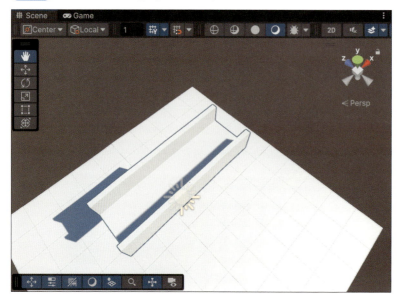

2-3-2 ゲームオブジェクトの複製

次に「くの字」に30度曲がるスロープ"Slope2"を作っていこうと思います。作成した"Slope1"を2つ複製して連結して1つのゲームオブジェクトとして作成していきます。

1 親の"Slope2"の作成

まず最初に親となる"Slope2"のゲームオブジェクトを作成します。「Hierarchy」ウィンドウの ＋ をクリックし、[Create Empty]をクリックします。作成されたゲームオブジェクトの名前を"Slope2"に変更します（図2.31）。

図2.31 "Slope2"ゲームオブジェクトの作成

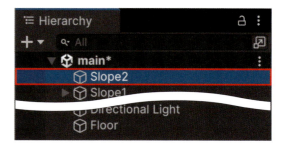

2 1つ目のスロープ作成

「Hierarchy」ウィンドウで"Slope1"を右クリックし、[Duplicate]をクリックして複製します（図2.32）。複製された"Slope1 (1)"を"Slope2"にドロップして子にします（図2.33）。"Slope1 (1)"の名前を"Slope2_1"にします（図2.34）。

2-3 スロープを作ろう

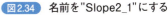
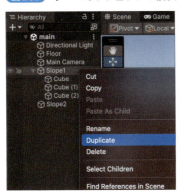

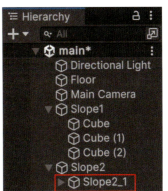

図2.32 ゲームオブジェクトの複製　　図2.33 "Slope1(1)"を"Slope2"の子にする　　図2.34 名前を"Slope2_1"にする

3　2つ目のスロープ作成

再度"Slope1"を複製して、ドロップして"Slope2"の子にしてください。名前を"Slope2_2"にします（図2.35）。"Slope2_1"のPositionの変更します。"Slope2_1"を「Hierarchy」ウィンドウで選択して、「Inspector」ウィンドウのTransformのPositionを(0,0,0)にします（図2.36）。"Slope1"と重なっていたりする場合は、"Slope2"の座標を移動したり、見える方向を変えたりして見やすい場所に移動してください。"Slope2_1"の左の三角をクリックして開き、子の"Cube(2)"のPositionを(-0.14,0.2,-0.45)、Scaleを(2.7,0.5,0.1)にします（図2.37）。"Slope2_2"のPositionを(2.55,0,-0.7)に、Ratationを(0,30,0)にします（図2.38）。"Slope2_2"の左の三角をクリックして開き、子の"Cube(2)"のPositionを(0.08,0.2,-0.45)、Scaleを(2.8,0.5,0.1)にします（図2.39）。

図2.35　"Slope2_2"の追加

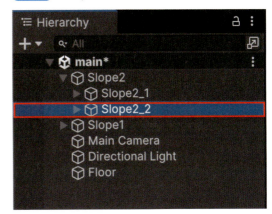

図2.36　"Slope2_1"のPosition設定

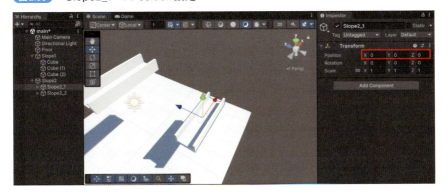

図2.37 "Slope2_1"の子の"Cube (2)"のPositionとScaleの設定

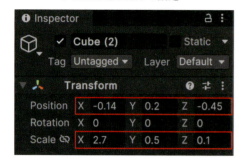

図2.38 "Slope2_2"のPositionとRotationの設定

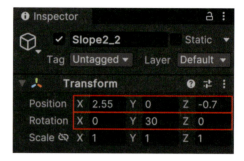

図2.39 "Slope2_2"の子の"Cube (2)"のPositionとScaleの設定

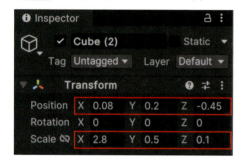

4 "Slope2"の確認

"Slope2"は（**図2.40**）のように、30度のくの字になっていれば正しいです。もしそうなっていない場合は、前に戻ってPosition, Rotation, Scaleが正しく設定されているか確認しましょう。

図2.40 "Slope2"の完成形

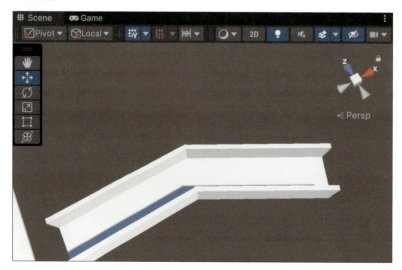

2-4 プレハブを作成しよう

さて、ここまででスロープの種類を2つ作成しました。これらを複数組み合わせてボールの転がる道を作っていきます。そのためにはプレハブという機能を用いて、作成したスロープをひとつのアセットとして扱う方法を説明します。

2-4-1 プレハブとは

プレハブとは、複製可能なゲームオブジェクトです（図2.41）。プレハブを用いると、親子構造をもつ階層内の全ての子のゲームオブジェクトを、ひとつのまとまりとして扱うことができます。例えば、ゲームでは同じ見た目の敵が複数出てきます。これらは1つのプレハブを複製して複数の敵を生成しています。

図2.41　1つのプレハブから複製

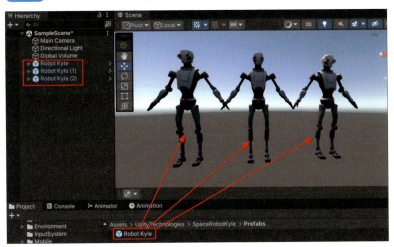

Unityでは、「Scene」ビューでコンポーネントを組み合わせたり、親子構造を作ったりして、色々なゲームオブジェクトを作ります。その作ったゲームオブジェクトを、プロジェクトウィンドウにドロップするだけでプレハブに変換することができます。プレハブにすると、プログラムから任意の場所で複数生成することもできるようになります。「Hierarchy」ウィンドウでプレハブは、青色のアイコンと文字で表示されます。

プレハブの利点のひとつに、プレハブのパラメーターを変更すると、シーン上に配置した複

製されたプレハブのパラメーターも全て変更されます。例えば、ある敵の移動速度設定を最初は10にしていたとします。ゲーム制作途中でもうちょっと速く移動させたいと思いプレハブの移動速度設定を20にすれば、既にシーンに配置した複製されたプレハブの移動速度もすべて20になります。このように、後からデフォルトの値を変更して調整したいような場合にも、プレハブにしておけば一気に変更することが可能です（ただしシーンに配置した後にパラメーターを変更した場合はそちらが優先されます）。

2-4-2 "Slope1"のプレハブ化

まず"Slope1"をプレハブ化していきましょう。最初に「Project」ウィンドウでプレハブ保存用のフォルダを作成します。

1 "Prefabs"フォルダの作成

「Project」ウィンドウで"Assets"フォルダを選択し、次に左上のプラスボタン[+]をクリックします。表示されたメニューの一番上の[Folder]をクリックします（**図2.42**）。

フォルダが作成された直後は"New Folder"となっていて、名前を変更できる状態になっています。何を保存するフォルダか分かりやすいように、作成されたフォルダの名前を"Prefabs"と入力し、Enter キーを押します（**図2.43**）。もし、他の場所を触ってしまったりしてフォルダ名を変更する状態が解除された場合は、「New Folder」となっている箇所をクリックすると再度名前を入力できるモードになります。フォルダ名は半角英数文字で入力してください。

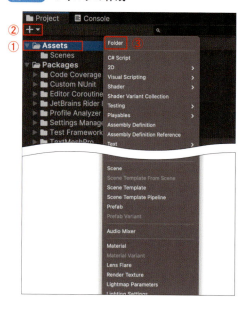

図2.42 フォルダの作成

図2.43 フォルダ名の変更

2 プレハブの作成

「Project」ウィンドウで"Prefabs"フォルダを選択し、「Hierarchy」ウィンドウの"Slope1"をProjrctウィンドウにドロップします（図2.44）。
プレハブが作成されると、「Hierarchy」ウィンドウのゲームオブジェクトもプレハブとなり、青色のアイコンと文字になります（図2.45）。

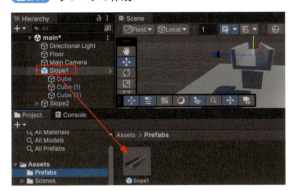

図2.44　プレハブの作成

図2.45　プレハブとなった"Slope1"

2-4-3　"Slope2"のプレハブ化

"Slope1"と同様の手順で、"Slope2"もプレハブ化してみましょう。「Hierarchy」ウィンドウの"Slope2"を「Project」ウィンドウにドロップします（図2.46）。

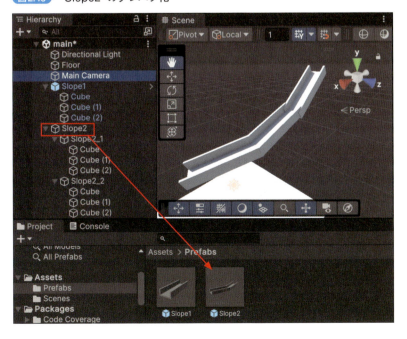

図2.46　"Slope2"のプレハブ化

2-5 スロープを繋げて道を作ろう

作成したスロープのプレハブを配置して、上から下にボールが転がるように繋げていきます。これから配置する座標や回転角は一例ですので、前述の「Scene」ビュー上での操作方法を用いて読者の好きなように配置してみてください。また座標などは最終的な数値を直接指定していますが、実際はマウスでゲームオブジェクトを移動したりしながら決めています。

2-5-1 スロープの配置

今回作成するスロープは図2.47のようになります。それでは早速配置していきましょう。

図2.47 作成するスロープ

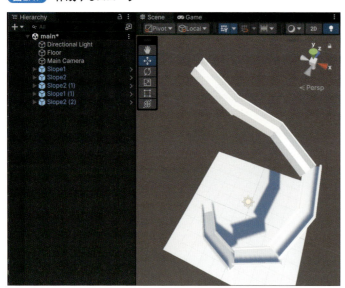

1 "Slope1"の配置調整

既に配置されている"Slope1"のPositionとRotationを設定します。「Hierarchy」ウィンドウで"Slope1"を選択して、「Inspector」ウィンドウでPositionとRotationを表2.1のように設定します。

「Inspector」ウィンドウの状態は図2.48のようになります。

図2.48 "Slope1"の座標と回転角

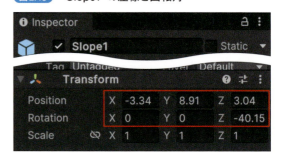

表2.1 "Slope1"のPositionとRotation

プロパティ	x	y	z
Position	-3.34	8.91	3.04
Rotation	0	0	-40.15

2 "Slope2"の配置調整

同様に既に配置されている"Slope2"のPositionとRotationを設定します。「Hierarchy」ウィンドウで"Slope2"を選択します。「Inspector」ウィンドウでPositionとRotationを表2.2のように設定します。「Inspector」ウィンドウの状態は図2.49のようになります。

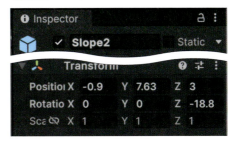

図2.49 "Slope2"の座標と回転角

表2.2 "Slope2"のPositionとRotation

プロパティ	x	y	z
Position	-0.9	7.63	3
Rotation	0	0	-18.8

3 "Slope2"のプレハブの配置

「Project」ウィンドウの"Slope2"のプレハブを「Scene」ビューにドロップします。そうすると「Hierarchy」ウィンドウに"Slope2 (1)"という名のゲームオブジェクトが追加されます（図2.50）。ゲームオブジェクトの名前は重複しないようにUnityが最初の名前を付けてくれます。"Slope2 (1)"のPositionとRotationを表2.3のように設定します。「Hierarchy」ウィンドウと「Scene」ビューは図2.51のようになります。

表2.3 "Slope2(1)"のPositionとRotation

プロパティ	x	y	z
Position	3.21	5.64	0.63
Rotation	-20.37	96.35	-38.13

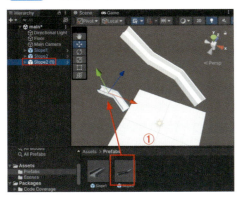

図2.50 "Slope2"のドロップ

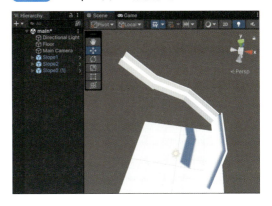

図2.51 "Slope2(1)"の配置状態

4 "Slope1"のプレハブの配置

「Project」ウィンドウの"Slope1"のプレハブを「Scene」ビューにドロップします。そうすると「Hierarchy」ウィンドウにも"Slope1 (1)"という名のゲームオブジェクトが追加されます。"Slope1 (1)"のPositionとRotationを表2.4ように設定します。
「Hierarchy」ウィンドウと「Scene」ビューは図2.52のようになります。

表2.4　"Slope1 (1)"のPositionとRotation

プロパティ	x	y	z
Position	1.8	2.32	-2.78
Rotation	13.6	-22.22	19.17

図2.52　"Slope1(1)"の配置状態

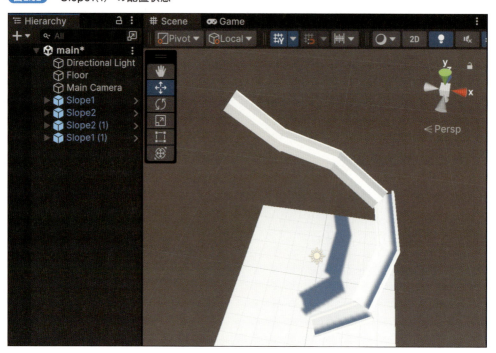

5 "Slope2"のプレハブをもうひとつ配置

「Project」ウィンドウの"Slope2"のプレハブを「Scene」ビューにドロップします。配置された"Slope2 (2)"のPositionとRotationを表2.5のように設定します。
「Hierarchy」ウィンドウと「Scene」ビューは図2.53のようになります。

表2.5　"Slope2(2)"のPositionとRotation

プロパティ	x	y	z
Position	-0.68	1.27	-3.35
Rotation	-9.23	-153.3	-19

図2.53 "Slope2(2)"の配置状態

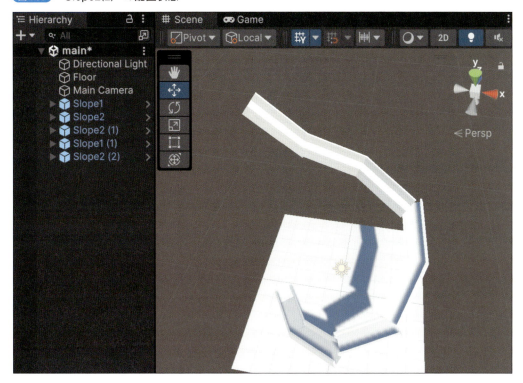

2-5-2 色を付ける

床もスロープも同色で見にくいため、スロープの色を変えてみましょう。色を変えるにはマテリアルというアセットを作成して、それをゲームオブジェクトにセットします。最初にマテリアルを保存するフォルダーを作成します。

1 マテリアルを保存するフォルダーの作成

「Project」ウィンドウで"Assets"フォルダをクリックし、プラスボタン+をクリックしてメニューを表示します。メニューの [Folder] をクリックします（図2.54）。

フォルダが作成されて名前の入力ができる状態になっているので、"Materials"と入力し、Enterキーを押してフォルダ名を確定します（図2.55）。

図2.54 マテリアルを保存するフォルダーの作成

図2.55 "Materials"フォルダ名の入力

2 マテリアルの作成

手順 1 で作成した"Materials"フォルダを選択し①、プラスボタン ➕ をクリックして②、メニューを表示後、メニューの [Material] ③をクリックします(図2.56)。
マテリアルが作成されて名前の入力ができる状態になっているので、"SlopeMaterial"と入力し、Enter キーを押してファイル名を確定します(図2.57)。

図2.56 Materialの作成

図2.57 "SlopeMaterial"

3 マテリアルに色を設定

作成した"SlopeMaterial"をクリックすると、「Inspector」ウィンドウでパラメーターを編集できるようになっています。ここの「Base Map」と書いてある右側の白い箇所(図2.58)をクリックすると、色を指定できるカラーピッカーのウィンドウが表示されます(図2.59)。色のグラデーションのかかっている外側の円と中にある四角の領域をクリックして色を指定できます。また下部のRGBAバーで指定することもできます。ここでは、RGBA= (0,192,255,255) を指定してみましたが、お好きな色を設定してみてください。

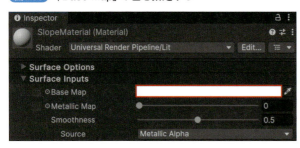

図2.58 「Base Map」で色を指定する

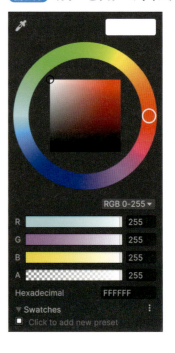

図2.59 カラーピッカーのウィンドウ

4 "Cube"にマテリアルの割当

作成したマテリアルを全てのCubeに割り当てていきます。「Project」ウィンドウで"Prefabs"フォルダにある"Slope1"プレハブをダブルクリックします。「Hierarchy」ウィンドウに"Slope1"の階層構造が表示され、「Scene」ビューにもプレハブだけが表示されるプレハブの編集モードになります(図2.60)。

子の"Cube"をクリックして(図2.61)、「Inspector」ウィンドウの[Add Component]の辺りに"SlopeMaterial"をドロップします(図2.62)。

「Scene」ビューを見ると底面の"Cube"にマテリアルが割り当てられて、色が変わったことを確認できます(図2.63)。

図2.60　プレハブ編集モード

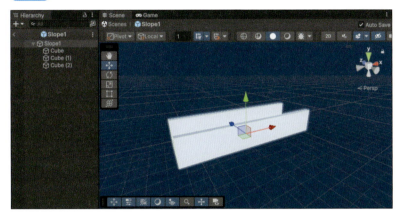

図2.61　"Cube"をクリック

図2.62　"Cube"にマテリアルの割当

図2.63　"SlopeMaterial"が割り当てられた"Cube"

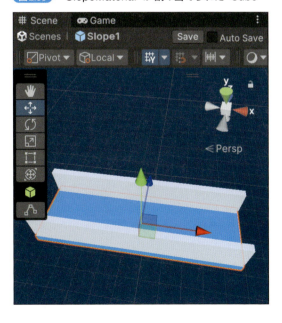

5 "Cube (1)"と"Cube (2)"にもマテリアルを割り当て

同様に、"Cube (1)"と"Cube (2)"にもマテリアルを割り当ててください（図2.64）。マテリアルをセットできたら、"Slope1"プレハブをセーブしておきましょう。メニューから「File」→「Save」を選択するか、Command+S（Windowsは Control+S）で保存します。

図2.64 "SlopeMaterial"が割り当てられた"Cube (1)"と"Cube (2)"

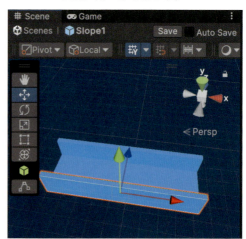

6 「Scene」ビューで確認

プレハブ編集モードを終了して、通常のシーンに戻ります。「Hierarchy」ウィンドウの左上にある[<]のボタンをクリックします（図2.65）。
通常の「Scene」ビューが表示され、2つ配置した"Slope1"に色が付いていることが分かります（図2.66）。このようにプレハブに加えた編集は、既にシーンに配置されている場合でも影響します（ただし、シーン上で変更を加えた箇所は変更されません。シーン上で変更を加えた箇所をプレハブの値に戻したい場合は、「Inspector」ウィンドウで各コンポーネントの右上にある縦の3点をクリックして、[Modified Component] → [Revert]をクリックすると編集されていない状態に戻り、プレハブの値が適用されるようになります）。

図2.65 プレハブ編集モードの終了

図2.66 色の付いた"Slope1"

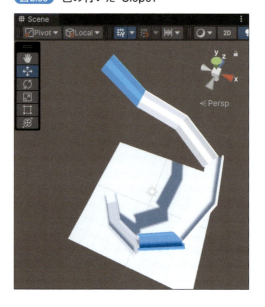

7 "Slope2"にマテリアルの設定

"Slope2"プレハブにも同様に"SlopeMaterial"マテリアルを設定してみてください。図2.67のように全てのスロープの色が変われば正解です。

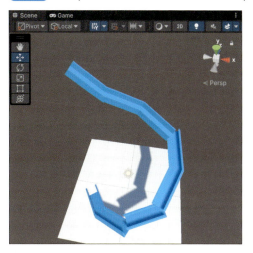

図2.67 "SlopeMaterial"が割り当てられた"Slope2"

2-5-3 メインカメラの調整

実行したときに実際のゲーム画面として表示されるが「Game」ビューになります。「Game」ビューに作成したスロープ全体が表示されるようにカメラの調整を行いましょう。

ここでは、カメラの座標や角度を調整して、全体がよく見えるように行っていきます。

1 カメラの調整

「Hierarchy」ウィンドウで「Main Camera」を選択します（図2.68）。Inspector」ウィンドウでメインカメラのTransformの設定を行います。Position=（6.08, 14.82, -1.59）、Rotation=（47.4, -82.64, 0）に設定します。
カメラの位置と回転角を変えて、上の方から斜め下の方を見るようにしたので、スロープ全体が「Game」ビューに映るようになりました（図2.69）。

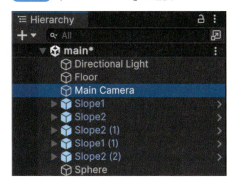

図2.68 「Main Camera」の選択

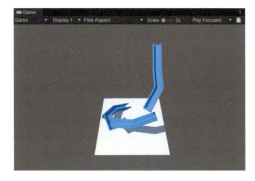

図2.69 「Game」ビューの表示

2-6 玉を作ろう

ここではスロープを転がる玉を作っていきます。玉は予め Unity に用意されている "Sphere" という 3D Object を使います。作成した "Sphere" ゲームオブジェクトに物理コンポーネントを追加して、転がるようにしていきます。

2-6-1 玉の作成

それでは早速、玉となるゲームオブジェクトを作成していきましょう。

1 玉の作成

「Hierarchy」ウィンドウのプラス ➕ ボタンをクリックし、表示されたメニューから [3D Object] を選択します。[Sphere] をクリックしすると、玉となる "Sphere" ゲームオブジェクトが追加されます（図2.74、図2.75）。

図2.74 "Sphere"の作成

図2.75 追加された"Sphere"ゲームオブジェクト

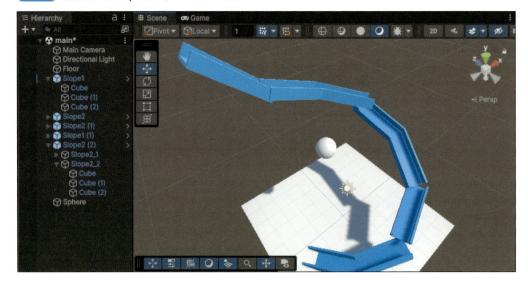

2-6-2 玉の配置とスケール

作成された"Sphere"を、スロープの開始位置への配置と、スロープ内に収まって転がるサイズに設定します。

1 "Sphere"の調整

"Sphere"を選択し、「Inspector」ウィンドウでPositionを(-3.8, 10.8, 3)に、スケールを(0.5, 0.5, 0.5)に変更します(**表2.6**)。**図2.76**のようにボールがスタート位置に配置されます。

表2.6 "Sphere"のPositionとScale

プロパティ	x	y	z
Position	-3.8	10.8	3
Scale	0.5	0.5	0.5

図2.76 開始位置に配置された玉

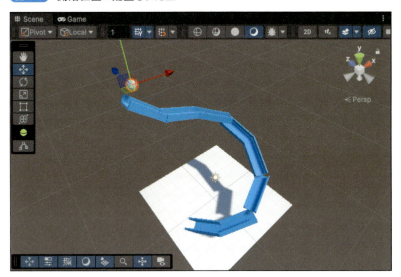

2-6-3 玉に物理挙動の設定

一度実行して確認してみましょう。実行するにはUnityエディタの上部にあるツールバーの実行ボタンを押します。

実行しても、玉は転がっていきません。これは、玉に重力を含め物理挙動が行われていないからです。一旦実行を停止して、玉に物理挙動を設定していきましょう(実行は必ず停止してください。実行中にパラメーターを書き換えても、実行を停止すると実行前の値に戻ります)。

ゲームオブジェクトに重力を含めた物理挙動を追加するには、Rigidbodyコンポーネントを追加します。

1 物理挙動の追加

Sphereの「Inspector」ウィンドウで、一番下にある [Add Component] ボタンをクリックし、検索ボックスに"rig"と入力して候補を絞ります。候補の中から「Rigidbody」をクリックします（図2.77）。
「Inspector」ウィンドウを見ると「Rigidbody」コンポーネントが追加されたことが分かります（図2.78）。

図2.77　RigidBodyの追加

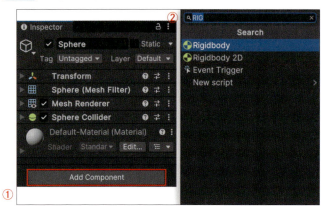

図2.78　追加された「Rigidbody」

「Rigidbody」では重さや空気抵抗と重力加速度によって物理的な挙動を行うことができます。通常衝突判定を行うコライダーと同時に使用します。表2.7にRigidbodyのパラメーターをまとめます。

表2.7　Rigidbodyのパラメーター

プロパティ	解説
Mass	質量Kgです。質量を大きくしても落下速度は変わりません。質量は衝突時に相手側に与える力に影響します。
Drag	移動するときの空気抵抗です。0は空気抵抗なしです。
Angular Drag	回転するときの空気抵抗です。0は空気抵抗なしです。
Use Gravity	重力の影響を受けるかどうかの設定です。
Is Kinematic	物理挙動を行わずに移動させたい場合に使います。
Interpolate	高速で移動するような場合にブレが発生するときの改善方法の選択です。
Collision Detection	高速移動や高速回転するオブジェクトで衝突検出をすり抜けるのを防止します。
Constraints	各軸での移動や回転を止めます。例えば立っているキャラクターであればZ軸とX軸の回転はしてほしくないので回転を止めます。

パラメーターはデフォルトのまま、再度実行して確認してみましょう。今度はボールが転がったと思います。

 2-7 テクスチャを貼ろう

アセットストアからマテリアルとテクスチャを取得して、スロープや床に貼ってみましょう。

2-7-1 アセットストアからマテリアルとテクスチャの入手

1章で行ったようにWebブラウザで「Unity Asset Store」を開きサインインします。「Tiling Textures - 3D Microgame Add-Ons」を検索しましょう（図2.78）。[マイアセットに追加する]ボタンをクリックします。「Terms of Service」のダイアログが表示されたら[同意する]ボタンをクリックし、「マイアセットに追加されました」というダイアログが開いたら[Unityで開く]ボタンをクリックします。「Unity.appを開きますか？」ダイアログが表示されたら[Unity.appを開く]ボタンをクリックします（この流れはブラウザによって挙動が異なる場合もあります）。

図2.78 アセットストアからテクスチャの入手

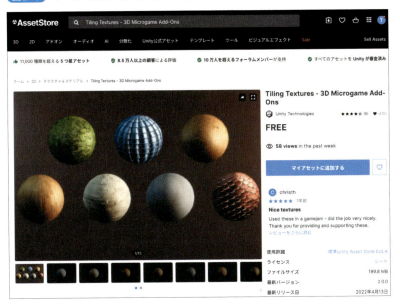

2-7-2 Unityへマテリアルとテクスチャのインポート

　Unityの「Package Manager」が開くので（図2.79）、「Tiling Textures - 3D Microgame Add-Ons」を選択して、右上の[Download]ボタンをクリックします。ダウンロードが終わったら[Import]ボタンに変わるので、クリックしましょう。

図2.79　アセットのダウンロード

　「Import Unity Package」ウィンドウが開くので、右下の[Import]ボタンをクリックします（図2.80）。

　インポートされたマテリアルは「Project」ウィンドウの"Assets/AddOns/Mg3D_TilingTextures/Materials"にあります（図2.81）。テクスチャも"Assets/AddOns/Mg3D_TilingTextures/Textures"にインポートされています。

図2.80　アセットのインポート

図2.81　インポートされたアセット

2-7-3 マテリアルの設定

　インポートしたマテリアルをスロープや床や玉に設定してみましょう。まず"Slope1"に設定してみます。

1 プレハブの編集

「Project」ウィンドウで"Assets/Prefabs/Slope1"をダブルクリックしてプレハブ編集モードに入ります（図2.82）。

図2.82　"Slope1"のプレハブ編集モード

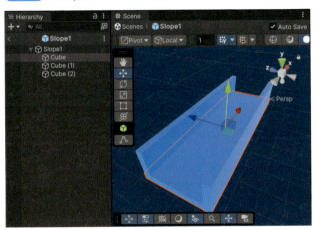

2 マテリアルの設定

「Hierarchy」ウィンドウで"Cube"を選択します。「Project」ウィンドウでどれかマテリアルを選択し、「Inspector」ウィンドウの[Add Component]ボタンあたりにドロップします（図2.83）。同様に側面の"Cube (1)"と"Cube (2)"にも設定してみましょう。設定が終わったら"Slope2"にも設定してみましょう。設定が終わったら、「Hierarchy」ウィンドウの左上にある[<]ボタンをクリックして通常のシーンに戻ると、シーン上のスロープに設定したマテリアルが反映されています。

図2.83　スロープにマテリアルの設定

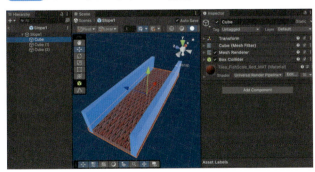

3 床のマテリアルの設定

「Hierarchy」ウィンドウで"Floor"を選択します。同様に「Inspector」ウィンドウの[Add Component]ボタンあたりにマテリアルをドロップします。床のサイズを大きくしてみましょう。Scaleを(100, 0.1, 100)に設定します。このままでは単にテクスチャが引き伸ばされてしまいます。そこでマテリアルにある三角ボタンをクリックするとマテリアルの設定項目が開くので「Tiling」をX=20, Y=20にします（図2.84）。これはテクスチャを繰り返し貼り付ける設定です。

図2.84 床にマテリアルの設定

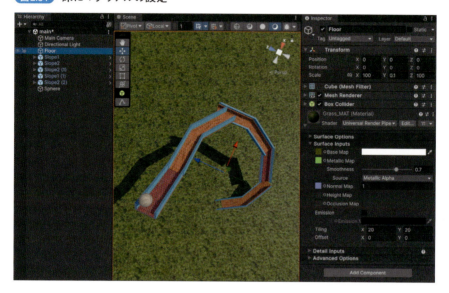

4 玉のマテリアルの設定

同様に「Hierarchy」ウィンドウの"Sphere"にマテリアルを設定しましょう（図2.85）。

図2.85 玉にマテリアルの設定

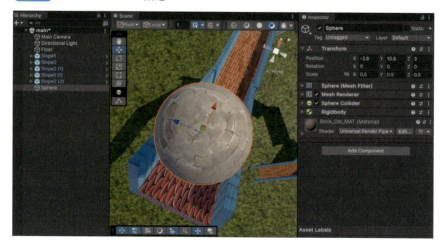

2-8 アセットを追加しよう

アセットストアに玉転がしで使えるアセットがあるので、追加してみましょう。

2-8-1 「Creator Kit: Puzzle」アセットの入手

「Unity Asset Store」から「Unity Learn ¦ Creator Kit: Puzzle ¦ URP」をマイアセットに追加します（図2.86）。

図2.86 「Creator Kit: Puzzle」の追加

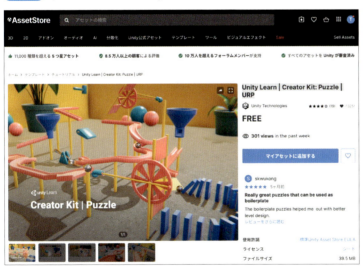

2-7と同様に［マイアセットに追加する］をクリックして、Unityの「Package Manager」から「Unity Learn ¦ Creator Kit: Puzzle ¦ URP」を選択して、右上の［Download］ボタンをクリックします。ダウンロードが終わったら［Import］ボタンに変わるので、クリックしてインポートしましょう。図2.87のダイアログが表示された場合は、［Install/Upgrade］をクリックします。

「Import Unity Package」の「Import Content」ダイアログ（図2.88）が表示されたら、［Next］をクリックします。ここではインポートするマテリアルやテクスチャやプレハブといったコンテンツを選択しています。

次の「Import Unity Package」の「Import Settings Override」ダイアログが表示されます。ここは設定ファイルの更新を選択する画面ですが、今回はすべてのチェックが入った状態にしておきます（図2.89）。［Import］をクリックするとコンテンツがプロジェクトにインポートされます。

「Script Updating Consent」ダイアログでは［Yes］をクリックします。アップデートが必要なコンテンツが自動的に更新されます（図2.90）。

図2.87　「Warning」ダイアログ

図2.88　Puzzleのアセットインポートダイアログ

図2.89　Puzzleの設定インポートダイアログ

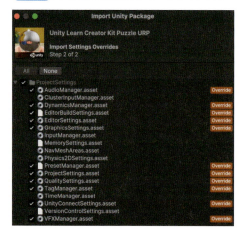

図2.90　「Script Updating Consent」ダイアログ

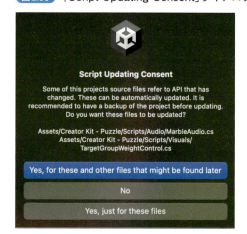

2-8-2　プレハブの配置

インポートが終わったら「Project」ウィンドウの"Assets/Creator Kit - Puzzle/Prefabs"に色々なプレハブが入っています。例えば"Assets/Creator Kit - Puzzle/Prefabs/OnePerLevel/Goal.prefab"はゴールのプレハブです。スロープの最後の地点にドロップして

配置してみましょう（図2.91）。

　背景アセットも配置してみましょう。"Assets/Creator Kit - Puzzle/Prefabs/OnePerLevel/LevelBackground.prefab"をシーンに配置してみましょう。

　他に、植木鉢"Assets/Creator Kit - Puzzle/Prefabs/NestedLevelBackground/Pot.prefab"もあるので配置してみましょう。

　BGMのプレハブもあります。"Assets/Creator Kit - Puzzle/Prefabs/OnePerLevel/LevelMusic.prefab"をシーンのどこでも良いので配置してみましょう。ループ再生させるために「Inspector」ウィンドウで [Loop] にチェックを入れましょう。実行すると音楽が流れます。

図2.91　ゴールの配置

2-8-3　インタラクトプレハブの配置

　このアセットには、動かすことのできるプレハブが入っています。フリッパーやハンマー、ドア、スプーンです。これらはスペースキーで動かすことができ、玉に力を加えて動きを変えることができます。これらを動かす設定を行ってみましょう。

1　"Timing.prefab"の配置

図2.92　[Starting Marble] に"Sphere"をドロップ

「Project」ウィンドウから"Assets/Creator Kit - Puzzle/Prefabs/NestedUI/Timing.prefab"をシーンのどこでも良いのでドロップして配置します。「Hierarchy」ウィンドウで"Timing"を選択して、「Inspector」ウィンドウの [Starting Marble] に「Hierarchy」ウィンドウから"Sphere"をドロップします（図2.92）。

2 "FaderImage.prefab"の配置

「Project」ウィンドウから"Assets/Creator Kit - Puzzle/Prefabs/NestedUI/FaderImage.prefab"をシーンのどこでも良いのでドロップして配置します。
「Hierarchy」ウィンドウで"FaderImage"を選択して、「Inspector」ウィンドウの[Timing Recording]に「Hierarchy」ウィンドウから"Timing"をドロップします（図2.93）。これで動かす設定は終わりです。

図2.93 ［Timing Recording］に"Timing"をドロップ

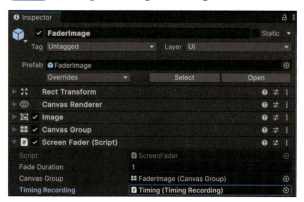

3 フリッパーの配置

それでは動くプレハブを配置してみましょう。フリッパーは"Assets/Creator Kit - Puzzle/Prefabs/PuzzlePieces/InteractivePuzzlePieces/Flipper.prefab"にあるので、シーンの適当な場所にに配置して実行してみましょう。[Space]キーを押すとフリッパーが動きます。他に、"Hammer"、"Door"、"Spoon"も動かすことができるので配置してみましょう。図2.94は配置の例です。

図2.94 色々なプレハブの配置

他にもドミノブロックやシーソーというようなプレハブも入っています。使えそうなものを配置して色々試してみましょう。

サバイバルゲームを作ろう

この章では、C#を使ってゲームオブジェクトや入力の取り方やカメラの操作など、Unityの基本的な機能を使ってゲームを作成していきます。

3-1 プロジェクトを作成しよう

今回作成するゲームは、一定時間毎にランダムで生成されていく床に沿って、キーボードでボールに力を加えて床から落ちないように転がしていき、ゴールまで導くという簡単なゲームを作成していきます。

3-1-1 今回作成するゲームの概要

ランダムで生成された床は一定時間後に消えるため、ボールを落ちないように上手く転がして新しく生成された床へ進めなければなりません。また段差のある床も生成されるので、ジャンプで乗り越えて行きましょう。青い床のゴールに到達することがこのゲームの目的です。

図3.1　作成するゲーム

3-1-2 プロジェクトとシーンの作成

それでは、プロジェクトを作成していきます。

3-1 プロジェクトを作成しよう

1 プロジェクトの作成

UnityHubを起動して、ウィンドウの左側の[プロジェクト]を選択します。右上の[新しいプロジェクト]ボタンをクリックすると「新しいプロジェクト」のウィンドウが開きます(**図3.2**)。[すべてのテンプレート]を選択し(①)、[Universal 3D]を選択します(②)。[テンプレートをダウンロード]ボタンが表示されている場合は(③)、クリックします。表示されていない場合は次に進みます。

図3.2 プロジェクトの作成ウィンドウ

2 プロジェクト名の設定

「プロジェクト名」は"RollingBall"と入力し(**図3.3**①)、「保存場所」をユーザーフォルダ等に設定後(②)、「Unity Cloudに接続」のチェックは外します(③)。
右下の[プロジェクトを作成]ボタンをクリックします(④)。保存場所のフォルダにプロジェクト名のフォルダができて、その中に今回のプロジェクトで必要となるファイルが作成されます。

図3.3 プロジェクトを作成する

しばらくすると、Unityのスプラッシュ画面が表示され、プログレスバーが伸びきったところで、Unityが起動します。

3 シーンの保存

シーンが開いたら、メニューの [File] → [Save As...] または、[Shift]+[Command]+[S]（Windowsは[Shift]+[Control]+[S]）で、フォルダ"Assets/Scenes/"にファイル名を"MainStage"としてシーンを保存してください（図3.4）。

図3.4　シーンの保存

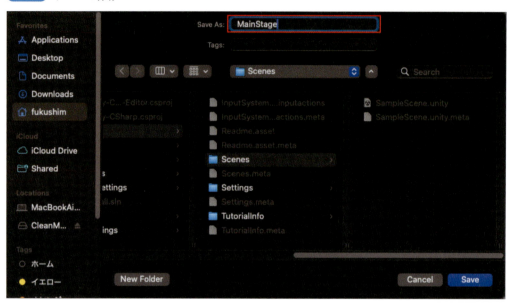

3-2 床とボールを作成しよう

Unityの用意されているSphereやCubeというような基本的な3Dモデルを使って、ゲームオブジェクトの作成方法を学びます。また物理を使って落下や衝突の方法も学びます。

3-2-1 床の作成

まずは生成される床をCubeで作成します。

1 床の作成

「Hierarchy」ウィンドウでプラスボタンをクリックして[3D Object]→[Cube]を選択します。「Inspector」ウィンドウでPosition=(0, 0, 0)、Scale=(5, 1, 5)にします（図3.5）。

図3.5 Cubeの床の作成

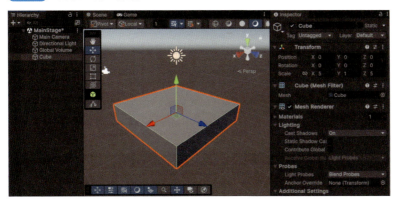

3-2-2 ボールの作成

次にボールを作成します。その前に視点を、赤いX軸が右方向、緑のY軸が上方向、青の軸が奥側に向くようにしてください。

1 ボールの作成

「Hierarchy」ウィンドウでプラスボタンをクリックして [3D Object] → [Sphere] を選択します。「Inspector」ウィンドウで Position=(0, 2, -1) にします。少し Cube より浮いた位置に表示されていると思います (図3.6)。

図3.6 Sphere のボールの作成

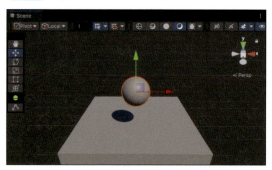

3-2-3 ボールの落下設定

このまま実行してもボールは落下しません。そこでボールを落下させるために、物理コンポーネントを追加します。

1 物理コンポーネントの追加

「Hierarchy」ウィンドウで "Sphere" を選択して、「Inspector」ウィンドウの [Add Component] ボタンをクリックします。検索テキスト入力フィールドに "rig" と入力すると「Rigidbody」が表示されるので選択します。
「Inspector」ウィンドウに「Rigidbody」コンポーネントが追加されました (図3.7)。これで物理挙動を行うようになったので、実行してみると "Sphere" が Cube の上に落下することが分かります。

図3.7 Rigidbody の追加

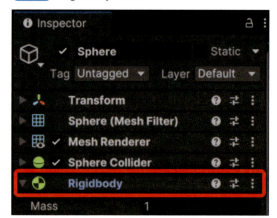

3-2-4 物理マテリアルの設定

Cube は落下するようになりましたがドスッと落ちるだけなので、少し跳ねるようにしたいと思います。まず物理マテリアル保存用のフォルダを作成して、その中に物理マテリアルを作成してパラメーターを設定します。

1 物理マテリアルの保存用フォルダの作成

「Project」ウィンドウで、"Assets" フォルダを右クリックして「Create → Folder」を選択し、フォルダ名を "PhysicMaterial" にします (図3.8)。

図3.8 "PhysicMaterial" フォルダの作成

2 ボール用物理マテリアルの作成

"PhysicMaterial"フォルダを選択して、「Project」ウィンドウの左上のプラスボタンをクリックし[Physic Material]を選択します。ファイル名を"BounceBall"にします（図3.9①）。

3 床用物理マテリアルの作成

床用にももう1つ作成してファイル名を"BounceFloor"にします（図3.9②）。

4 物理マテリアルの調整

「Inspector」ウィンドウで"BounceBall"と"BounceFloor"の両方の弾性パラメータ「Bounciness」を"0.5"にして少し跳ねるようにします（図3.10）。

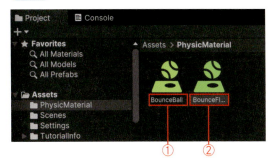

図3.9　作成された"BounceBall"と"BounceFloor"

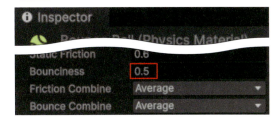

図3.10　Bouncinessを"0.5"

5 物理マテリアルの設定

「Hierarchy」ウィンドウで"Cube"を選択して、「Inspector」ウィンドウの「Box Collider」の「Material」に、「Project」ウィンドウから作成した"BounceFloor"をドロップします（図3.11）。

図3.11　"Cube"に物理マテリアルの"BounceFloor"をセット

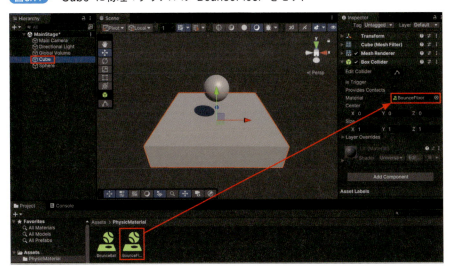

　"Sphere"も同様に「Sphere Collider」の「Material」に物理マテリアルの"BounceBall"をセットしてください。実行すると、ボールが跳ねるようになったと思います。

Chapter 3　サバイバルゲームを作ろう

3-3 ボールを操作しよう

ここでは、ゲームオブジェクトとC#スクリプトを連係して、C#スクリプトでゲームオブジェクトを制御していきます。キーボードの入力を取得してボールに力を加えて転がしたり、ジャンプさせてみましょう。

3-3-1 スクリプトの設定（ボール）

まず最初にC#スクリプトを作成して、ボールのゲームオブジェクトにセットします。

1 ボールのスクリプトの作成

「Project」ウィンドウで"Assets"フォルダを選択して、左上のプラスボタンをクリックし"Folder"を選択して、"Scripts"という名前のフォルダを作成します。"Scripts"を選択して、右クリックメニューから「Create→MonoBehaviour Script」を選択します（図3.12）。

図3.12　"MonoBehaviour Script"の作成

作成されたファイルに"RollingBall"と名前を付けます（図3.13）。これがC#スクリプトファイルです。

図3.13　"RollingBall.cs"スクリプト

88

2 スクリプトをボールに設定

「Hierarchy」ウィンドウで"Sphere"を選択し、「Inspector」ウィンドウで[Add Component]ボタンをクリックします。検索ボックスに"Rolling"と入力し今作成した"RollingBall"スクリプトを選択します（**図3.14**）。

これでゲームオブジェクトの"Sphere"にC#スクリプトがセットされ、連携することができました。

図3.14 "Sphere"に"RollingBall.cs"スクリプトを追加

> **コラム　C#スクリプトファイルの注意点**
>
> 　手順 1 でC#スクリプトファイルに名前を付ける際の注意点です。もし名前を間違って確定してしまった場合うまくいかなくなります。その場合、作成されたファイルを右クリックしてメニューから「Delete」を選択し一旦削除してから、再度「MonoBehaviour Script」を作成し直します。ファイル名を後から変更しても正しく動きません。また大文字小文字は間違えないでください。

3-3-2 ボールの物理挙動

次に、C#スクリプトからボールに力を加えて、転がしてみます。

1 Visual Studioの起動

「Project」ウィンドウで"RollingBall"スクリプトをダブルクリックするとVisual Studioが起動して、C#スクリプト"RollingBall.cs"が表示されます（**リスト3.1**）。もしVisual Studioをインストールしていない場合は、Unity Hubの追加コンポーネントのインストールからインストールしてください。

リスト3.1 "RollingBall.cs"

```
using UnityEngine;

public class RollingBall : MonoBehaviour
{
    // Start is called once before the first execution of Update after the MonoBehaviour is created
    void Start()
```

```
    {

    }

    // Update is called once per frame
    void Update()
    {

    }
}
```

2 コードの入力

Rigidbodyにスクリプトから力を加えていきましょう。Start()関数でRigidbodyにX方向に5の力を加えてみましょう（**リスト3.2**①）。Start()関数はUnityから呼び出される関数で、主に初期化コードを記述します。

リスト3.2 Rigidbodyに力を加える

```
(前略)
    // Start is called once before the first execution of Update after the
MonoBehaviour is created
    void Start()
    {
        GetComponent<Rigidbody>().AddForce(new Vector3(5f, 0f, 0f),
            ForceMode.Impulse); //①
    }
(後略)
```

ソースコードでは、"GetComponent<Rigidbody>()"で、自分に追加されている"Rigidbody"を取得しています。そして"AddForce()"メソッドを呼び出して力を加えます。力は"new Vector3(5f, 0f, 0f)"で(X,Y,Z)方向のベクトルで与えます（**図3.15**）。このとき浮動小数点floatで数値を渡すので、数値の後ろに必ず'f'を付けてください。"ForceMode.Impulse"は瞬間に衝撃力を加えるモードです。

図3.15 "Sphere"に力を加える

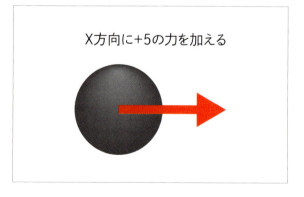

コードを入力したら、ソースコードをUnityに反映させるためにファイルメニューからセーブまたは Command + S （Windowsは Control + S ）で保存します。保存してUnityに戻ると、C#ス

クリプトを反映させるためにコンパイルという作業が自動実行されます。コンパイルの実行中は「Compiling Script」と表示されるウィンドウが表示されるので、そのダイアログが消えると実行可能になります。実行すると、ボールが右の方へ飛んでいくと思います。

3-3-3　ボールの操作

ボールを動かす方法が分かったので、キーボードのWASDでボールを操作できるようにしてみましょう。**リスト3.3**のコードを入力していきます。

1　不要コードの削除

まず先ほど追加したコード（**リスト3.2**）は必要ないのでコメントアウトしてください（**リスト3.3②**）。コメントアウトは行頭にスラッシュを2つ記述します。この行はプログラムコードとして解釈されなくなります。

2　Rigidbodyの参照の定義

リスト3.3③を追加します。Rigidbodyコンポーネントはよく使うので、フィールドとして持っておきます。大文字小文字に注意してください。

3　Rigidbodyの参照

リスト3.3④を追加します。Awake()関数は最初に一度Unityから呼び出される関数です。ここに主に自分自身の初期化コードを記述します。Start()関数より先に呼び出されます。

4　キー入力の取得とボールの移動処理

リスト3.3⑤を追加します。FixedUpdate()関数は0.02秒毎にUnityから呼び出されます。"Input.GetKey()"でキー入力を調べて、押しているキーの方向に合わせて力を加えます。rigidbody.AddForce()のような連続して力を加えていくような場合は、一定間隔毎に呼び出されるFixedUpdate()で行います。Ｗキーで Z軸のプラス方向に、Ａキーで X軸のマイナス方向に、Ｓキーで Z軸のマイナス方向に、Ｄキーで X軸のプラス方向に力を加えています。
実行して確認してみましょう。キーボードのＷＡＳＤでボールが動くと思います。

リスト3.3　キーボードでボールに力を加える

```
using UnityEngine;

public class RollingBall : MonoBehaviour
{
    //③
    private Rigidbody rigidBody;
    //④ここから
```

Chapter 3　サバイバルゲームを作ろう

```csharp
    private void Awake()
    {
        rigidBody = GetComponent<Rigidbody>();
    }
    //④ここまで
    // Start is called once before the first execution of Update after the
            MonoBehaviour is created
    void Start()
    {
        //② 下記コードをコメントアウトまたは削除
        //GetComponent<Rigidbody>().AddForce(new Vector3(5f, 0f, 0f),
            ForceMode.Impulse); //①
    }
    //⑤ここから
    void FixedUpdate()
    {
        if (Input.GetKey(KeyCode.W))
        {
            rigidBody.AddForce(new Vector3(0f, 0f, 5f), ForceMode.Force);
        }
        if (Input.GetKey(KeyCode.S))
        {
            rigidBody.AddForce(new Vector3(0f, 0f, -5f), ForceMode.Force);
        }
        if (Input.GetKey(KeyCode.D))
        {
            rigidBody.AddForce(new Vector3(5f, 0f, 0f), ForceMode.Force);
        }
        if (Input.GetKey(KeyCode.A))
        {
            rigidBody.AddForce(new Vector3(-5f, 0f, 0f), ForceMode.Force);
        }
    }
    //⑤ここまで
    // Update is called once per frame
    void Update()
    {

    }
}
```

3-3-4　ボールのジャンプ

　次にボールをジャンプさせてみます（**リスト3.4**）。ここでの注意点は、GetKeyDown()は
Update()でないと正しく取得できないということです。また "rigidBody.AddForce()" の力の

3-3 ボールを操作しよう

加え方の指定の"ForceMode.Impulse"では継続的ではなく一気に力を加えるので、FixedUpdate()でなくUpdate()で行っても大丈夫です。

1 ジャンプ力の定義

リスト3.4⑥でjumpForceフィールドを定義して、ジャンプの力を"5f"と決めています。

2 キー入力とボールのジャンプ

リスト3.4⑦でスペースキーを押すとY軸のプラス方向(=上)に力を加えています。

リスト3.4 ボールのジャンプ

```
using UnityEngine;

public class RollingBall : MonoBehaviour
{
    //⑥
    private float jumpForce = 5f;
    //③
    private Rigidbody rigidBody;
    //④ここから
(中略)
    // Update is called once per frame
    void Update()
    {
        //⑦ここから
        if (Input.GetKeyDown(KeyCode.Space))
        {
            rigidBody.AddForce(new Vector3(0f, jumpForce, 0f), ForceMode.
            Impulse);
        }
        //⑦ここまで
    }
}
```

実行して確認しましょう。スペースキーを押すと上にジャンプします。今の段階では、空中にいる場合でもスペースキーを押すとジャンプします。

3-3-5 「Inspector」ウィンドウとの連携

現在移動に加える力が"5f"に固定されています。これを「Inspector」ウィンドウから変更できるようにしましょう。「Inspector」ウィンドウで変更できるようにするには、"[SerializeField]"属性を使います(リスト3.5)。

93

Chapter 3　サバイバルゲームを作ろう

1　移動速度の定義

ここでは加える力のフィールド名を"moveForce"にして、"[SerializeField]"属性を付けています。初期値は"5f"にしています（**リスト3.5⑧**）。

2　"moveForce"に置き換え

FixedUpdate()関数内でrigidBodyのAddForce()で加えている力のベクトルの"5f"の箇所をすべて"moveForce"に変えます（**リスト3.5⑨**）。マイナスの符号は消さないように注意してください。

3　"jumpForce"に属性追加

"jumpForce"も同様に"[SerializeField]"属性を付けておきましょう（**リスト3.5⑩**）。

リスト3.5　［SerializeField］で「Inspector」ウィンドウでの編集を可能に

```
using UnityEngine;

public class RollingBall : MonoBehaviour
{
    //⑧
    [SerializeField]
    private float moveForce = 5f;
    //⑥
    [SerializeField]//⑩
    private float jumpForce = 5f;
    //③
    private Rigidbody rigidBody;
(中略)
    //⑤ここから
    void FixedUpdate()
    {
        if (Input.GetKey(KeyCode.W))
        {
            rigidBody.AddForce(new Vector3(0f, 0f, moveForce), ForceMode.
            Force);//⑨
        }
        if (Input.GetKey(KeyCode.S))
        {
            rigidBody.AddForce(new Vector3(0f, 0f, -moveForce), ForceMode.
            Force);//⑨
        }
        if (Input.GetKey(KeyCode.D))
        {
            rigidBody.AddForce(new Vector3(moveForce, 0f, 0f), ForceMode.
            Force);//⑨
        }
```

94

```
            if (Input.GetKey(KeyCode.A))
            {
                rigidBody.AddForce(new Vector3(-moveForce, 0f, 0f), ForceMode.
                Force);//⑨
            }
        }
    //⑤ここまで
    // Update is called once per frame
(後略)
```

4 動作確認

"Sphere"ゲームオブジェクトの「Inspector」ウィンドウを見ると[Move Force]と[Jump Force]という項目が増えています(図3.16)。この値を変更して力の加わり具合が変わるのを確認してみてください。実行していないときにここを書き換えると、その値はこのシーンで保存されます。C#の初期値には影響しません。また実行中に書き換えた場合はすぐにその値が反映されますが、実行を停止すると元の値に戻ります。

もし、C#で設定した値に戻したい場合は、右上の縦3点のアイコンをクリックしてメニューから「Reset」を選択します(図3.17)。

図3.16 追加された"Move Force"と"Jump Force"の項目

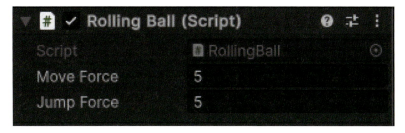

図3.17 パラメータのリセット

3-4 床を一定間隔で生成しよう

ここでは、最初に作成した"Cube"の床をプレハブ化して、一定間隔で自動的にこのプレハブを実体化して床を生成し、自動で延びるようにしていきます。生成する方向は乱数で決めます。このとき、右、左、前の3箇所から決めることにします。また逆に、生成された床を一定時間経過後に消していきます。

3-4-1 床の自動生成

床の自動生成のコードは**リスト3.6**のようになります。床の生成される方向はRandom.Range()関数で乱数で決めています。乱数は-1から1までの整数で生成し、-1=左, 0=前方, 1=右と決めます。

Start()関数は、元の"void"から"IEnumerator"に変更しています。こうするとStart()関数がコルーチンになります。コルーチンでは"yield"というコルーチン処理を行う命令が使え、関数の途中で処理をUnityに戻すことができます。次の実行タイミングでyieldの次の行から実行が再開されます。リストでは(ⓐ)の箇所でゲームの開始後に"WaitForSeconds(3f)"で3秒待ってから次の処理を実行しています。尚、コルーチンを使うには"using System.Collections;"が必要なので一番最初の行に記述しています。

それでは、下記の手順で床の自動生成プログラムを作成していきましょう。

1 "Cube"の名称変更

「Hierarchy」ウィンドウで"Cube"を選択し再度クリックすると名前を変更できるようになります。機能を表すように"Cube"の名前を"FloorDuplicator"に変更します（**図3.18**）。

図3.18 名前を"FloorDuplicator"に変更

2 床のスクリプトの作成

床のC#スクリプトを生成するために、「Project」ウィンドウで"Assets/Scripts"フォルダを選択して、左上のプラスボタンをクリックしてメニューから[Create]→[MonoBehaviour Script]を選択します。ファイル名を"FloorDuplicator"にします。

3 "FloorDuplicator"ゲームオブジェクトにスクリプトの追加

「Hierarchy」ウィンドウで"FloorDuplicator"を選択し、「Project」ウィンドウの"FloorDuplicator"スクリプトを「Inspector」ウィンドウの[Add Component]ボタンあたりにドロップしてスクリプトを追加します(図3.19)。

図3.19 "FloorDuplicator"スクリプトの追加

4 "FloorDuplicator"ゲームオブジェクトをプレハブ化

「Project」ウィンドウで、"Assets"フォルダを右クリックして[Create]→[Folder]を選択し、フォルダ名を"Prefabs"にします。「Hierarchy」ウィンドウの"FloorDuplicator"を、「Project」ウィンドウの作成した"Assets/Prefabs"フォルダにドロップして、プレハブを作成します(図3.20)。もし、プレハブの種類を選択するダイアログが開いたら「Original Prefab」を選択します。

図3.20 "FloorDuplicator"のプレハブ化

5 床のスクリプトの作成の入力

「Project」ウィンドウで"Assets/Scripts/FloorDuplicator.cs"スクリプトをダブルクリックしてVisual Studioを開きます。**リスト3.6**のスクリプトを入力して保存します。

リスト3.6 床の自動生成

```
using System.Collections;
using UnityEngine;

public class FloorDuplicator : MonoBehaviour
{
    [SerializeField]
    private GameObject floorDuplicatorPrefab;

    // IEnumeratorを付けることでコルーチンとなります
    IEnumerator Start()
    {
        // 3秒待ちます(ⓐ)
        yield return new WaitForSeconds(3f);
        // 乱数で-1=左,0=前方,1=右に床を生成方向を決めます
        int direction = Random.Range(-1, 2);

        // Instantiate()関数で床をプレハブから生成します
```

```
        GameObject floorDuplicator = Instantiate(floorDuplicatorPrefab);
        // 床の幅を取得します
        float floorWidth = floorDuplicator.transform.localScale.x;
        // 床の奥行きを取得します
        float floorDepth = floorDuplicator.transform.localScale.z;
        // 床の幅と方向からX座標をいくらずらすか決めます(ⓑ)
        float floorOffsetX = floorWidth * direction;
        // 床の幅と方向からZ座標をいくらずらすか決めます(ⓒ)
        float floorOffsetZ = direction == 0 ? floorDepth : 0f;
        // 新しく生成した床の座標を設定します(ⓓ)
        floorDuplicator.transform.position =
            new Vector3(transform.position.x + floorOffsetX,
                        transform.position.y,
                        transform.position.z + floorOffsetZ);
    }
    void Update()
    {
    }
}
```

6 プレハブの参照の設定

「Hierarchy」ウィンドウの"FloorDuplicator"ゲームオブジェクトを選択し、「Inspector」ウィンドウの"FloorDuplicator(Script)"コンポーネントにある、[Floor Duplicator Prefab]の項目に、先程作成した「Project」ウィンドウの"Assets/Prefabs/FloorDuplicator.prefab"をドロップします(図3.21)。これは、"[SerializeField]"の付いた変数"floorDuplicatorPrefab"に自身のプレハブである"FloorDuplicator.prefab"をセットしたということになります。セットしたプレハブを"Instantiate()"関数を使ってコードで実体化して、床を生成して増やしています。

図3.21 "FloorDuplicator.cs"の[floorDuplicatorPrefab]にプレハブをセット

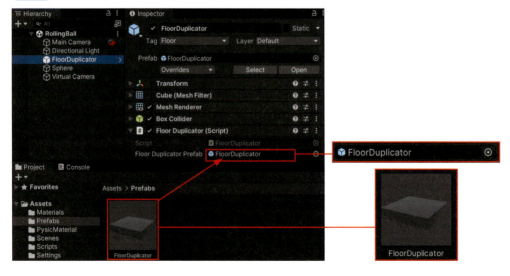

プレハブに変更を反映させるために、「Inspector」ウィンドウの [Overrides] ボタンをクリックして [Apply All] をクリックします（図3.22）。

図3.22　シーンで変更した内容を[Overrides]ボタンでプレハブに反映

7　動作確認

実行すると床が生成されていきますが、現在のカメラの座標では「Game」ビューで良く見えません。"Main Camera"のY座標を5にして確認してみましょう（図3.23）。

図3.23　"Main Camera"のY座標を"5"にする

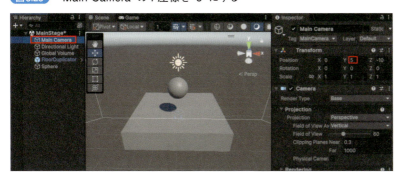

コードの（ⓑ）の箇所で計算される、上から見た床のX座標は図3.24のようなイメージです。Z座標は（ⓒ）で単に"direction"が"0"の場合に、奥に座標をずらしています。自分自身の現在の座標にこのオフセットを加算した値を、（ⓓ）で"floorDuplicator"の座標に設定しています。

99

図3.24　X座標の計算のイメージ

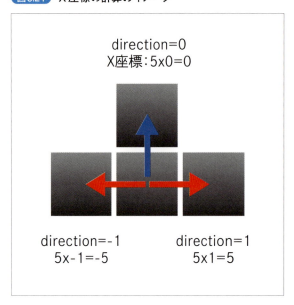

3-4-2 床の生成方向の制限

　現在、自身を生成した生成元の床の方へ戻ってしまうことがあります。これを戻らないようにしてみます。**リスト3.7**の①〜③を入力します。フィールド "backtrackDirection"（①）に元の方向を記録しておいて（③）、乱数の生成方向が前方ではなく（つまり "!=0"）、"backtrackDirection" と同じなってしまった場合は、前方（=0）に生成するようにしています（②）。今回は後ろに生成することはないので、左右方向に戻らないようにしておけば大丈夫です。

リスト3.7　床を元の方向に生成しない

```
using System.Collections;
using UnityEngine;

public class FloorDuplicator : MonoBehaviour
{
    [SerializeField]
    private GameObject floorDuplicatorPrefab;

    //①生成元の方向
    private int backtrackDirection = 0;

    // IEnumeratorを付けることでコルーチンとなります
    IEnumerator Start()
    {
        // 3秒待ちます（ⓐ）
```

```
        yield return new WaitForSeconds(3f);
        // 乱数で -1=左,0=前方,1=右に床を生成方向を決めます
        int direction = Random.Range(-1, 2);

        //②ここから
        if (direction != 0 && direction == backtrackDirection)
        {
            // 生成元の方向の場合前方に変更します
            direction = 0;
        }
        //②ここまで
        // Instantiate()関数で床をプレハブから生成します
        GameObject floorDuplicator = Instantiate(floorDuplicatorPrefab);
        //③生成先の方向にマイナスを掛けると生成元の方向になります
        floorDuplicator.GetComponent<FloorDuplicator>().backtrackDirection =
-direction;
        // 床の幅を取得しまします
        float floorWidth = floorDuplicator.transform.localScale.x;
        // 床の奥行きを取得します
        float floorDepth = floorDuplicator.transform.localScale.z;
        // 床の幅と方向からX座標をいくらずらすか決めます(ⓑ)
        float floorOffsetX = floorWidth * direction;
        // 床の幅と方向からZ座標をいくらずらすか決めます(ⓒ)
        float floorOffsetZ = direction == 0 ? floorDepth : 0f;
        // 新しく生成した床の座標を設定します(ⓓ)
        floorDuplicator.transform.position =
            new Vector3(transform.position.x + floorOffsetX,
                        transform.position.y,
                        transform.position.z + floorOffsetZ);
    }
    void Update()
    {
    }
}
```

実行して生成元の方向に戻らないのを確認しておきます。

3-4-3 時間による床の消去

生成された床を一定時間後に消すようにしてみます(**リスト3.8**)。フィールド
"destroyTime"(④)の初期値は6秒で、この秒数が経過すると自分自身をDestroy()関数で破棄します(⑤)。

Chapter 3　サバイバルゲームを作ろう

リスト3.8　一定時間後に床を消す

```
using System.Collections;
using UnityEngine;

public class FloorDuplicator : MonoBehaviour
{
    [SerializeField]
    private GameObject floorDuplicatorPrefab;

    //④ここから
    [SerializeField]
    private float destroyTime = 6f;
    //④ここまで

    //①生成元の方向
    private int backtrackDirection = 0;

    // IEnumeratorを付けることでコルーチンとなります
    IEnumerator Start()
    {

(中略)

        // 新しく生成した床の座標を設定します(ⓓ)
        floorDuplicator.transform.position =
            new Vector3(transform.position.x + floorOffsetX,
                        transform.position.y,
                        transform.position.z + floorOffsetZ);
        //⑤ここから
        // 6秒待って破棄します
        yield return new WaitForSeconds(destroyTime);
        Destroy(gameObject);
        //⑤ここまで
    }
    void Update()
    {
    }
}
```

実行して、生成された床が6秒後に消えることを確認しましょう。

3-4-4 段差のある床の生成

　今の状態だと、床が横に伸びていくだけなので面白みに欠けます。高さの違う床を生成して段差をもたせてみましょう（**リスト3.9**）。乱数で-1,0,1のどれかの数値を発生させ高さを掛けることによってY座標のオフセットを決めています（⑥）。その結果の"floorOffsetY"を加算するコードを追加しました（⑦）。

102

3-4　床を一定間隔で生成しよう

リスト3.9 段差のある床を作成

```
using System.Collections;
using UnityEngine;

public class FloorDuplicator : MonoBehaviour
{
    [SerializeField]
    private GameObject floorDuplicatorPrefab;

(中略)
        // Instantiate()関数で床をプレハブから生成します
        GameObject floorDuplicator = Instantiate(floorDuplicatorPrefab);
        //③生成先の方向にマイナスを掛けると生成元の方向になります
        floorDuplicator.GetComponent<FloorDuplicator>().backtrackDirection =
            -direction;
        // 床の幅を取得します
        float floorWidth = floorDuplicator.transform.localScale.x;
        // 床の奥行きを取得します
        float floorDepth = floorDuplicator.transform.localScale.z;
        // 床の幅と方向からX座標をいくらずらすか決めます(ⓑ)
        float floorOffsetX = floorWidth * direction;
        // 床の幅と方向からZ座標をいくらずらすか決めます(ⓒ)
        float floorOffsetZ = direction == 0 ? floorDepth : 0f;
        // ⑥床のY の座標設定
        float floorOffsetY = Random.Range(-1, 2) * floorDuplicator.transform.
            localScale.y;
        // 新しく生成した床の座標を設定します(ⓓ)
        floorDuplicator.transform.position =
            new Vector3(transform.position.x + floorOffsetX,
                        transform.position.y + floorOffsetY,//⑦変更
                        transform.position.z + floorOffsetZ);
        //⑤ここから
        // 6秒待って破棄します
        yield return new WaitForSeconds(destroyTime);
        Destroy(gameObject);
        //⑤ここまで
    }
    void Update()
    {
    }
}
```

　実行すると、高さの違う床も生成されるようになっています。

3-4-5 カメラの追従（ボール）

現状、カメラがボールの動きについて来ていません。「Cinemachine」パッケージを追加して「Follow Camera」を使い、カメラがボールについてくるようにしてみます。次の手順に沿い設定してみましょう。

1 「Cinemachine」のインポート

Unityのメニュー「Window→Package Manager」を選びます。パッケージマネージャーが開いたら、左の[Unity Registry]を選択します。中央上部の[Search Unity Registry]と表示されている箇所に"Cinemachine"と入力します。[Cinemachine]を選択して、右側上部の[Install]ボタンをクリックします（図3.25）。これでインストールされます。

図3.25　Package Managerから「Cinemachine」のインストール

2 "Follow Camera"の配置

インストールが完了したら、メニューから[GameObject]→[Cinemachine]→[Targeted Camera]→[Follow Camera]を選択します。シーンに"Cinemachine Camera"ゲームオブジェクトが配置されます（図3.26）。

図3.26　"CinemachineCamera"の配置

3 カメラがボールを追うように設定

まず追従するターゲットをボールにします。「Hierarchy」ウィンドウで"CinemachineCamera"を選択し、「Inspector」ウィンドウの[Tracking Target]に「Hierarchy」ウィンドウの"Sphere"をドロップします。今回回転の追従は行わないので[Rotation Control]は"None"にします。「Cinemachine Follow」コンポーネントの「Follow Offset」のY=5にして、やや上からカメラがボールを見るようにします（図3.27）。また「Transform」の「Rotation」のXを"26.565"にして見下ろすようにします。

図3.27　"CinemachineCamera"の設定

3-4-6 接地判定

現在ジャンプはしますが、空中でもジャンプできてしまいます。これを接地しているときだけジャンプできるようにしてみます。そのため、衝突判定で床に衝突したかを判別する必要があります。Unityには各ゲームオブジェクトに「タグ（Tag）」というものがあり、ゲームオブジェクトの種類を識別するために使うことができるものが用意されています。今回はこのタグを使い、ボールが何に衝突したかを判別してみましょう。タグには任意の文字列を指定できます。

1 プレハブ編集モードに入る

タグを設定するために今回はプレハブを直接編集してみます。「Project」ウィンドウでプレハブ"Prefabs/FloorDuplicator.prefab"のアイコンをダブルクリックするとプレハブ編集モードに入ります。それまで表示されていたシーンが消えて、「Hierarchy」ウィンドウと「Scene」ビューがプレハブ編集モードになります（図3.28）。

図3.28 プレハブ編集モード

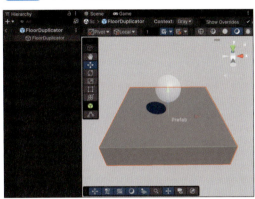

2 "Floor"タグの追加

新しく床用に"Floor"というタグを追加してみましょう。まず、「Inspector」ウィンドウの [Tag] のドロップダウンをクリックします。開いたメニューの一番下の [Add Tag...] ボタンをクリックします（図3.29）。
「Tags & Layers」ウィンドウで、プラスボタンをクリックし、「New Tag Name」に"Floor"と入力して、「Save」ボタンをクリックします（図3.30）。

図3.29 タグの設定ウィンドウの表示

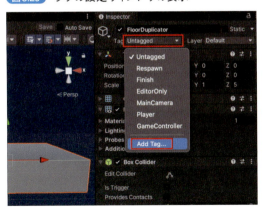

図3.30 "Floor"タグの追加

> **コラム　プレハブ編集モード**
>
> 「Hierarchy」ウィンドウには、手順1の階層構造が表示され、「Scene」ビューには、プレハブのみが表示されます。これまで「Scene」ビューでプレハブを編集すると、それをプレハブに反映させるために、「Inspector」ウィンドウの [Overrides] ボタンを押していましたが、プレハブ編集モードではその必要はなくプレハブに直接変更が加わります。ここで変更された内容は、シーンに配置されているプレハブに反映されます。もちろん、シーンに配置済でプレハブの元のパラメータを変更している場合（Overrides していないもの）は、そのパラメータは変更されません。

3 タグの設定

再度「Hierarchy」ウィンドウで"Floor Duplicator"をクリックして、「Inspector」ウィンドウをプレハブの表示に戻します。[Tag] のプルダウンをクリックして Tag を "Floor" に設定します（**図3.31**）。

図3.31 タグを "Floor" に設定

4 プレハブ編集モードの終了

プレハブ編集モードを抜けて元のシーンに戻るには、「Hierarchy」ウィンドウの左上にある [<] ボタンをクリックします。このとき保存するかどうかのダイアログが表示された場合は、[Save]（保存する）」を選択しましょう。表示されなかった場合は保存されています。

　以上でタグの設定ができたので、このタグを判別して床に接地しているときだけジャンプするように、コードを追加します（**リスト3.10**）。
　まず接地しているかどうかのフラグ "isOnFloor" を用意します（⑪）。次に何かに衝突した時に Unity から呼ばれる関数 OnCollisionEnter() で相手側 collision のタグが "Floor" か調べて、"Floor" の場合に "isOnFloor" フラグを true にします（⑫）。また衝突している最中に呼ばれる OnCollisionStay() 関数でも同じ処理を行います（⑬）。逆に衝突しなくなったときに呼ばれる OnCollisionExit() 関数で、床との衝突が解消されたら "isOnFloor" フラグを false にします（⑭）。あとは Update() でジャンプの処理を行っていたところに、"isOnFloor" フラグが立っているかどうかの判定を追加します（⑮）。
　実行して、接地しているときだけジャンプすることを確認しましょう。

3-4　床を一定間隔で生成しよう

> **リスト3.10** 接地時だけジャンプするようにする

```
（前略）
public class RollingBall : MonoBehaviour
{
（中略）
    private Rigidbody rigidBody;
    //①
    private bool isOnFloor = false;
（中略）
    void Update()
    {
        //⑦ここから
        if (isOnFloor && Input.GetKeyDown(KeyCode.Space))//⑮条件変更
        {
            rigidBody.AddForce(new Vector3(0f, jumpForce, 0f), ForceMode.
Impulse);
        }
        //⑦ここまで
    }
    //⑫ここから
    private void OnCollisionEnter(Collision collision)
    {
        if (collision.gameObject.tag == "Floor")
        {
            isOnFloor = true;
        }
    }
    //⑫ここまで
    //⑬ここから
    private void OnCollisionStay(Collision collision)
    {
        if (collision.gameObject.tag == "Floor")
        {
            isOnFloor = true;
        }
    }
    //⑬ここまで
    //⑭ここから
    private void OnCollisionExit(Collision collision)
    {
        if (collision.gameObject.tag == "Floor")
        {
            isOnFloor = false;
        }
    }
    //⑭ここまで
}
```

107

Chapter 3　サバイバルゲームを作ろう

3-5 ゴールを作成しよう

ここでは、ゴールの作成と判定、ゲームオーバー判定と作成を行います。ゴールまたは落下したらシーンを読み込み直して、また最初からゲームを開始できるようにします。このようなゲームの一連の流れを作成していきます。

3-5-1 ゴールの床のプレハブ作成

ゴール地点は、分かりやすいように青色の床にします。そのために"FloorDuplicator"を複製してから変更を加えていきます。

1 "FloorDuplicator"を複製して"FloorGoal"の作成

「Hierarchy」ウィンドウで"FloorDuplicator"を右クリックしてメニューから「Duplicte」を選んで複製します。名前を"FloorGoal"に変更します（図3.32）。

図3.32　"FloorGoal"の作成

2 "FloorGoal"からスクリプトの削除

ゴールはこれ以上床を増やさず、スクリプトは不要となるため削除していきます。「Hierarchy」ウィンドウで"FloorGoal"を選択し、「Inspector」ウィンドウから"FloorDuplicator"コンポーネントの右上の三点をクリックしてメニューから[Remove Component]をクリックします（図3.33）。

図3.33　"FloorDuplicator"コンポーネントの削除

108

3 ゴールのマテリアルの作成

青色のマテリアルを作成します。マテリアルの作成は前章で行っていますので、同様に"Materials"フォルダを作成し、そのフォルダを右クリックして「Create→Material」でマテリアルを作成し、名前を"BlockBlue"にします。"BlockBlue"マテリアルの「Inspector」ウィンドウで[Base Map]を青色にします（図3.34）。

図3.34 "BlockBlue"マテリアル

4 ゴールのマテリアルの追加

「Hierarchy」ウィンドウで"FloorGoal"を選択し、「Inspector」ウィンドウの[Add Component]ボタン辺りに"BlockBlue"マテリアルをドロップしてセットします（図3.35）。"FloorGoal"が青くなったと思います。

図3.35 "BlockBlue"マテリアルを"FloorGoal"にセット

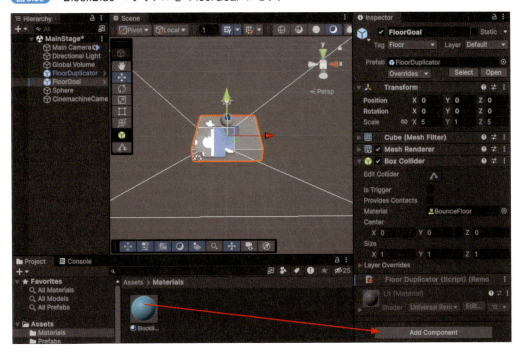

5 "FloorGoal"にタグの追加

後で"FloorGoal"に接触したことを判別するために、Tagを設定します。"FloorDuplicator"のときに"Floor"タグを設定したときと同じようにして、"FloorGoal"プレハブに"FloorGoal"というTagを設定してください（図3.36）。

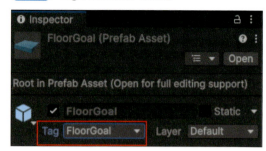

図3.36 Tag"FloorGoal"の設定

6 "FloorGoal"のプレハブ化

「Hierarchy」ウィンドウから"FloorGoal"ゲームオブジェクトを「Project」ウィンドウの"Assets/Prefabs"にドロップして、プレハブにします。ダイアログ（図3.37）が開いたら「Original Prefab」を選択します。

「Hierarchy」ウィンドウにある"FloorGoal"は不要になったので削除します。"FloorGoal"を右クリックして「Delete」を選択します。

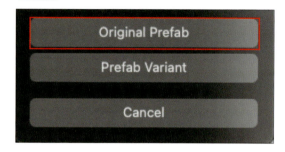

図3.37 プレハブの種類の選択

3-5-2 ゴールの床の生成

FloorDuplicator.csに、ゴールの床を生成するコードを追加していきます（リスト3.11）。

1 ゴールを生成する床の生成回数を決める

まず何回目の床の生成のときにゴールの床を生成するかを決めるフィールド"int totalFloorCountToGoal"を追加します（リスト3.11⑧）。初期値は5回目です。

2 生成した床の数を保持

次に生成する床の番号を保持しておくフィールド"int createdFloorCounter"を追加します（リスト3.11⑨）。

3 ゴール用のプレハブの参照を追加

ゴール用のプレハブの参照をセットする"goalPrefab"（リスト3.11⑩）を定義します。これは後で「Inspector」ウィンドウで設定します。

4 コードの編集

"createdFloorCounter"の値が"totalFloorCountToGoal"と一致した場合に"goalPrefab"を生成する
コードを追加します（**リスト3.11**⑪）。ここは既存のコードにも変更を加えているので注意して入力し
てください。
また床を生成した後に、"createdFloorCounter"をインクリメントします（**リスト3.11**⑫）。

リスト3.11 ゴールのプレハブの生成

```csharp
using System.Collections;
using UnityEngine;

public class FloorDuplicator : MonoBehaviour
{
    //⑧
    private static int totalFloorCountToGoal = 5;
    //⑨
    public static int createdFloorCounter = 1;
    //⑩
    [SerializeField]
    private GameObject goalPrefab;


    [SerializeField]
    private GameObject floorDuplicatorPrefab;

    //④ここから
    [SerializeField]
    private float destroyTime = 6f;
    //④ここまで

    //①生成元の方向
    private int backtrackDirection = 0;

    // IEnumeratorを付けることでコルーチンとなります
    IEnumerator Start()
    {
        // 3秒待ちます（ⓐ）
        yield return new WaitForSeconds(3f);
        // 乱数で-1=左,0=前方,1=右に床を生成方向を決めます
        int direction = Random.Range(-1, 2);

        //②ここから
        if (direction != 0 && direction == backtrackDirection)
        {
            // 生成元の方向の場合前方に変更します
            direction = 0;
        }
        //②ここまで
```

111

Chapter 3　サバイバルゲームを作ろう

```
        //①ここから
        GameObject floorDuplicator = null;
        if (createdFloorCounter == totalFloorCountToGoal)
        {
            floorDuplicator = Instantiate(goalPrefab);
        }
        else
        {
            // Instantiate()関数で床をプレハブから生成します
            floorDuplicator = Instantiate(floorDuplicatorPrefab);
            //③生成先の方向にマイナスを掛けると生成元の方向になります
            floorDuplicator.GetComponent<FloorDuplicator>().
            backtrackDirection = -direction;
        }
        //①ここまで
        // 床の幅を取得しまします
        float floorWidth = floorDuplicator.transform.localScale.x;
        // 床の奥行きを取得します
        float floorDepth = floorDuplicator.transform.localScale.z;
        // 床の幅と方向からX座標をいくらずらすか決めます(ⓑ)
        float floorOffsetX = floorWidth * direction;
        // 床の幅と方向からZ座標をいくらずらすか決めます(ⓒ)
        float floorOffsetZ = direction == 0 ? floorDepth : 0f;
        // ⑥床のYの座標設定
        float floorOffsetY = Random.Range(-1, 2) * floorDuplicator.transform.
            localScale.y;         // 新しく生成した床の座標を設定します(ⓓ)
        floorDuplicator.transform.position =
            new Vector3(transform.position.x + floorOffsetX,
                        transform.position.y + floorOffsetY,//⑦変更
                        transform.position.z + floorOffsetZ);
        //⑫
        ++createdFloorCounter;

        //⑤ここから
        // 6秒待って破棄します
        yield return new WaitForSeconds(destroyTime);
        Destroy(gameObject);
        //⑤ここまで
    }
    void Update()
    {
    }
}
```

5 "Goal Prefab"の設定

Unityに戻り、「Project」ウィンドウで"FloorDuplicator"を選択し、「Inspector」ウィンドウで
"FloorDuplicator(Script)"の「Goal Prefab」の項目に"FloorGoal"プレハブをドロップして設定します
（図3.38）。

112

図3.38 "Goal Prefab"の設定

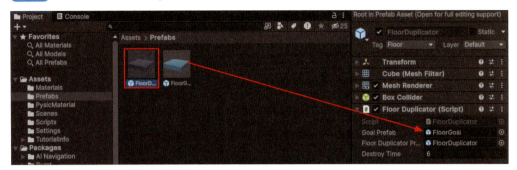

実行すると5つ目に生成される床が青いゴールの床になります。

3-5-3 ゴールの処理

ゴールにプレイヤーが到達したときに、3秒後にシーンを再読み込みしようと思います（**リスト3.12**）。

1 usingの追加

今回使用するコルーチンを使うので"using System.Collections;"を追加しています。またシーンの再読み込みを行うために"using UnityEngine.SceneManagement;"も追加しています（**リスト3.12⑯**）。

2 シーンの再読み込みを行うコルーチンの作成

次にシーンの再読み込みを行うコルーチン"RestartGame()"を追加します（**リスト3.12⑰**）。ここでは3秒待ってから、床の生成数のカウンターの"createdFloorCounter"を1に戻し、LoadScene()関数で現在のシーン"MainStage"を再読み込みしています。

3 ゴールとの接触判定

OnCollisionEnter()関数で衝突した床のタグが"FloorGoal"の場合、StartCoroutine()関数でRestartGame()コルーチンの実行を開始します（**リスト3.12⑱**）。

実行して、ゴールの青い床に到達したらシーンが再読み込みされて最初からゲームが始まることを確認しましょう。

リスト3.12 ゴールの処理

```
using UnityEngine;
//⑯ここから
using System.Collections;
using UnityEngine.SceneManagement;
```

```
//⑯ここまで

public class RollingBall : MonoBehaviour
{
(中略)
    private void OnCollisionEnter(Collision collision)
    {
        if (collision.gameObject.tag == "Floor")
        {
            isOnFloor = true;
        }
        //⑱ここから
        else if (collision.gameObject.tag == "FloorGoal")
        {
            StartCoroutine(RestartGame());
        }
        //⑱ここまで
    }
(中略)
    //⑰ここから
    private IEnumerator RestartGame()
    {
        yield return new WaitForSeconds(3f);
        FloorDuplicator.createdFloorCounter = 1;
        SceneManager.LoadScene("MainStage");
    }
    //⑰ここまで
}
```

3-5-4 ゲームオーバーの作成

今度は、ボールが落ちたとのゲームオーバーの処理をUpdate()関数に追加します（**リスト3.13**）。

ゲームオーバーの実装

ここでは単純にボールのY座標が"-28"より小さくなったときにゲームオーバーとしてシーンを再読み込みします。Y座標のチェックはUpdate()関数内で毎フレーム行います（**リスト3.13** ⑲）。"-28"より小さくなった場合、RestartGame()を再スタートしています。

3-5 ゴールを作成しよう

> **リスト3.13** ゲームオーバーの処理

```
（前略）
    void Update()
    {
        //⑦ここから
        if (isOnFloor && Input.GetKeyDown(KeyCode.Space))//⑫条件変更
        {
            rigidBody.AddForce(new Vector3(0f, jumpForce, 0f), ForceMode.
            Impulse);
        }
        //⑦ここまで
        //⑲ここから
        if (transform.position.y < -28f)
        {
            StartCoroutine(RestartGame());
        }
        //⑲ここまで
    }
```

実行して、床から落ちたらシーンが再スタートすることを確認しましょう。

コラム　　**コルーチン**

　戻り値にIEnumeratorを付けたメソッドはコルーチンと呼ばれ、Undate()関数とは別に定期的に実行される関数になります。通常のメソッドは、中のコードがすべて実行されてから関数を抜けます。コルーチンは、メソッド内の途中で実行を中断し、次のフレームで続きから実行を開始することが可能です。ゲームでは数秒待って次の処理を行いたいという場合に良く使われます。

115

3-6 アセットを追加しよう

背景のアセットを追加したり、床とボールにマテリアルをセットしていきましょう。

3-6-1 「Unity Learn｜Creator Kit: FPS｜URP」アセットの入手

2-8で行った同じ手順でアセットストアから「Unity Learn｜Creator Kit: FPS｜URP」（図3.39）をマイアセットに追加して、Unityでパッケージマネージャーからダウンロードとインポートを行ってください（インポート後は、プロジェクト設定が更新されるため、床やボールのマテリアルが無効になりピンク色になります）。

図3.39 「Creator Kit: FPS」をマイアセットに追加

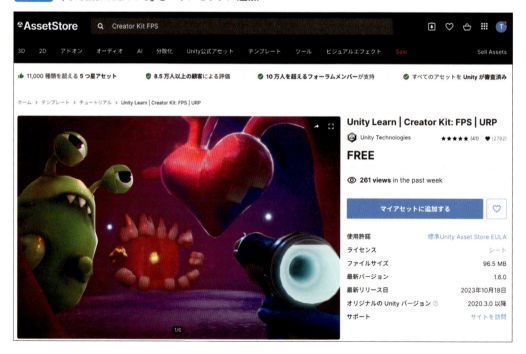

3-6-2 背景のプレハブの配置

「Project」ウィンドウから、背景となるプレハブ"Assets/Creator Kit - FPS/Prefabs/Rooms/StomachRoom.prefab"を「Hierarchy」ウィンドウにドロップしてください。このプレハブは胃の中をイメージしたもので下は酸の海になっています。酸の海にボールが落ちないようにするというイメージになります。

「Inspector」ウィンドウでPositionを(0, -29, 30)、Scaleを(7, 7, 7)にします(図3.40)。

図3.40 "StomachRoom"の座標とスケールの設定

3-6-3 床とボールにマテリアルのセット

1 通常の床のマテリアルの設定

「Project」ウィンドウから"FloorDuplicator"プレハブをダブルクリックして、プレハブ編集モードで開いてください。「Project」ウィンドウからマテリアル"Assets/Creator Kit - FPS/Art/Materials/Props/Teeth.mat"を「Inspector」ウィンドウの[Add Component]ボタンあたりにドロップしてください(図3.41)。灰色模様のテクスチャが付いたと思います。

図3.41 "FloorDuplicator"にマテリアル"Teeth.mat"を設定

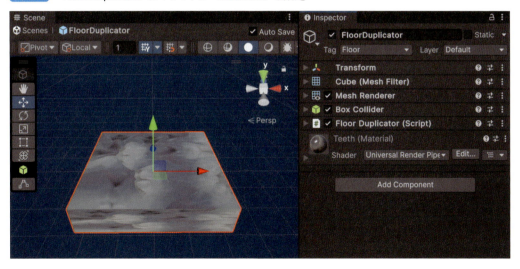

2 ゴールの床のマテリアルの設定

「Project」ウィンドウから"FloorGoal"プレハブをダブルクリックして、プレハブ編集モードで開いてください。「Project」ウィンドウからマテリアル"Assets/Creator Kit - FPS/Art/Materials/Props/Teeth_Gold.mat"を「Inspector」ウィンドウの[Add Component]ボタンあたりにドロップしてください(**図3.42**)。黄色模様のテクスチャが付いたと思います。設定が終わったら「Hierarchy」ウィンドウの左上の[<]ボタンをクリックしてプレハブ編集モードを抜けます。

図3.42 "FloorDuplicator"にマテリアル"Teeth.mat"を設定

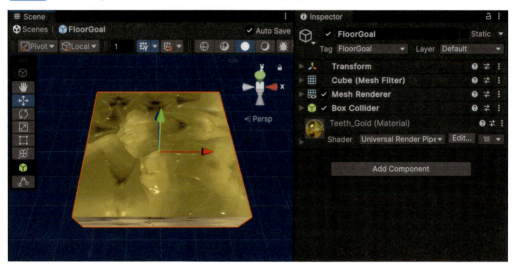

3 ボールのマテリアルの設定

「Hierarchy」ウィンドウで"Sphere"を選択し、「Project」ウィンドウからマテリアル"Assets/Creator Kit - FPS/Art/Materials/Props/Veins.mat"を「Inspector」ウィンドウの[Add Component]ボタンあたりにドロップしてください(**図3.43**)。赤くぶにぶに動くようになったと思います。

図3.43 "Sphere"にマテリアル"Veins.mat"を設定

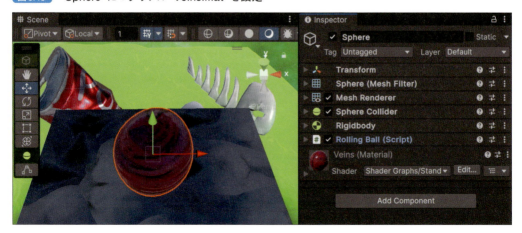

3-6-4 BGMの再生

BGMを設定してみましょう。「Project」ウィンドウから"Assets/Creator Kit - FPS/Audio/BGM/BMG_FPS.ogg"を、「Hierarchy」ウィンドウにドロップします。BGMをループ再生させるために「Inspector」ウィンドウで[Loop]にチェックを入れます（図3.44）。

図3.44　"BMG_FPS"にBGMのループ設定

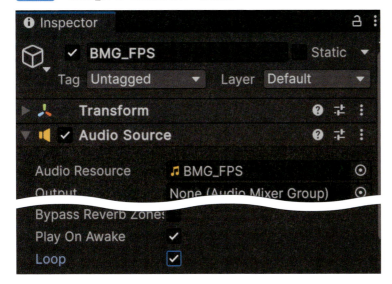

他にも粒子のプレハブ"Assets/Creator Kit - FPS/Art/Prefabs/VFX/DustMotesEffect.prefab"などがあるので、色々配置してみましょう（図3.45）。

図3.45　色々なプレハブの配置

コラム　ユーザーインターフェース(UI)の「Pivot」と「Anchor Presets」

　次章以降に出てくる、ユーザーインターフェースのレイアウトについて、事前に設定方法の説明をします。

Pivot

　「Pivot」は、ボタンなどのUIのレイアウトの中心座標を決めるものです。UIの各ゲームオブジェクトの左下を(0,0)、右上を(1,1)とする座標系になります。サイズが変わっても相対的に中心座標が決まります（図3.A）。

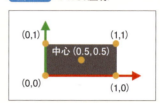

図3.A　Pivot座標

Anchor Presets

　「Pivot」をスクリーンのどこを基準に配置するかを決めるのが「Anchor Presets」です。16種類が選べるようになっています（図3.B）。四角の赤い線はスクリーンの基準となる辺を示していて、解像度が変わった場合でもその辺との距離が一定に保たれます。黄色い点はPivotの位置を表していて、その座標が(PosX,PosY)になります。青い矢印の「Stretch」は、スクリーンサイズや親のUIのサイズに合わせて矢印方向に自動的に引き伸ばされることを示しています。

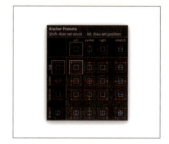

図3.B　Anchor Presetsの設定ウィンドウ

　実際に「Pivot」と「Anchor Presets」を設定した場合の横長の画面の配置状況の例を図3.Cに示します。縦長の画面になった場合も指定されたレイアウト通りに配置が自動的に調整されます（図3.D）。このように「Anchor Presets」はスマートフォンのように解像度が機種によって異なる場合に、自動的に位置合わせを行ってくれる便利な機能です。

図3.C　横長画面

図3.D　縦長画面

鬼ごっこゲームを作ろう

この章では、アセットストアで公開されているUnity公式の無料アセットを使用し、よりゲームらしいロジックを組み込んだアクションゲームを作成していきます。

4-1 プロジェクトを作成しよう

この章では、追いかけてくる敵を避けながら3Dマップ上のアイテムを全てゲットしてゴールまで辿り着くというゲームを作成していきます。

4-1-1 プロジェクトの作成

今までと同様、最初に新規プロジェクトを作成します。

1 新規プロジェクトの作成

UnityHubで［新しいプロジェクト］ボタンをクリックします。テンプレートは［Universal 3D］を選択します。もし［テンプレートをダウンロード］のボタンが表示されている場合は、クリックしてダウンロードします。プロジェクト名を"ActionGame"にします。［Unity Cloudに接続］のチェックは外します。［プロジェクトを作成］ボタンをクリックします（図4.1）。

図4.1 「ActionGame」プロジェクト

4-1-2 アセットの準備

今回のプロジェクトは、1章で使用した「Starter Assets: Character Controllers | URP」を使ってみようと思います。このアセットはサードパーソンゲームの基本機能やアセットが入っています。プレイヤーモデルやアニメーション、アニメーター、プレイヤーコントローラーがはじめから用意されており、すぐにプレイヤーの主要な操作ができるようになっています。まだダウンロードしていない場合は、1章を参考にアセットのダウンロードと追加を行っておいてください。

4-1-3 アセットのインポート

「Starter Assets: Character Controllers | URP」アセットを「Package Manager」からインポートします。

1 アセットのインポート

Unityのメニューから [Window] → [Package Manager] を開きます。左側のパッケージの選択を [My Assets] にします。「Starter Assets: Character Controllers | URP」は1章でダウンロードしたので「[My Assets] に入っています（図4.2）。

図4.2 Package Manager

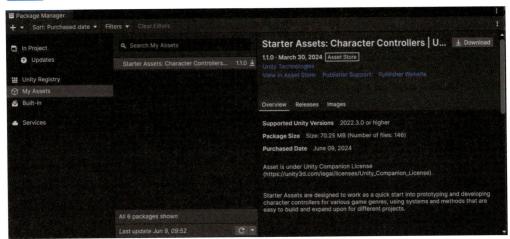

「Starter Assets: Character Controllers | URP」を選択して、右上の「Import」ボタンをクリックします。途中「Warning」ダイアログが表示されたら、「Install/Upgrade」または「Yes」をクリックします。途中でプロジェクト設定の更新のためにUnity Editorが再起動した場合は、再度「Package Manager」からインポートしてください。

「Import Unity Package」ウィンドウ（図4.3）が開いたら、右下の「Import」ボタンをクリッ

クします。途中ダイアログが表示された場合は「Yes」をクリックして、インポートの終了を待ちます。

図4.3 「Import Unity Package」ウィンドウ

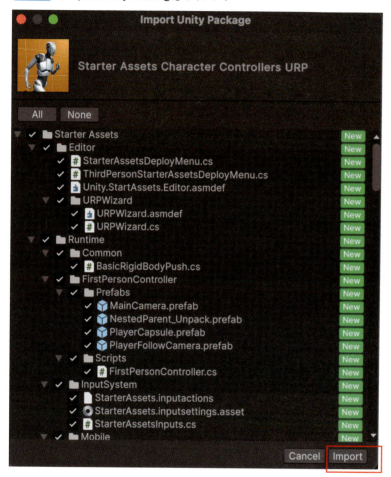

2 サンプルシーンの読み込み

インポートが完了したら、サンプルシーンを開いてみましょう。場所は"Assets/StarterAssets/Sample/ThirdPersonController/Playground.unity"にあるので、ダブルクリックして開いてみましょう(図4.4)。

AppleシリコンのMacの場合、下部に黄色い文字で "The Progressive CPU lightmapper is not supported on Apple silicon, switching to the Progressive GPU lightmapper." と表示されている場合があります。修正方法は、メニューから [Window] → [Rendering] → [Lighting] でライト設定のウィンドウを開きます。[Lightmapping Setting] の [Lightmapper] を "Progressive GPU" に変更します。

4-1 プロジェクトを作成しよう

図4.4 「Playground.unity」シーン

3 確認

実行してプレイヤーを操作してみましょう。キーボードでは W A S D で歩きます。また Shift キーを押しながらだと走ります。スペースキーでジャンプします。ゲームパッドも使えます。一通り確認したら実行を停止しておいてください。

この後、このシーンをベースにゲームを作成していくので、変更を加える前に別のファイルで保存しておきましょう。メニューから [File] → [Save As...] を選択し、"Assets/Scenes/Stage01"で保存しましょう。

コラム　コンピューターで扱う色について

コンピューターで色は、光の3原色の赤、青、緑の光の発光の割合を数値で表します。例えば、赤(Red)が100%、青(Blue)が0%、緑(Green)が100%で黄色になります(図4.A)。色の名前の最初のアルファベットをとってRGBと呼びます。この3つの色を混合することですべての色を表現しています。

図4.A 光の三原色

125

4-2 敵を作ろう

ここからは敵を作成していきます。Unityに用意されているナビメッシュという機能を使って、敵がプレイヤーを追いかけるようにします。また、歩くときのアニメーションの設定も行なっていきます。

4-2-1 敵のプレハブの作成

Unityアセットストアから敵となるアセットをインポートして、このゲームで使う敵に変更していきます。

1 アセットのインポート

UnityアセットストアをWebブラウザで開き、Unity社から配布されている「Robot Kyle ¦ URP」を検索して「マイアセットに追加する」をクリックします（図4.5）。

図4.5 「Robot Kyle ¦ URP」をマイアセットへ追加

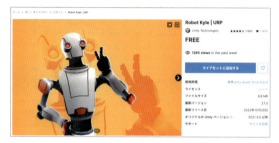

2 「Package Manager」からインポート

Unityに戻って「Package Manager」からダウンロードして「Robot Kyle ¦ URP」をインポートしてください（図4.6）。

図4.6 「Robot Kyle ¦ URP」をインポート

3 敵のプレハブの作成

インポートしたアセットに"Robot Kyle.prefab"というプレハブがあります。場所は「Project」ウィンドウの右上の検索ボックスに"Robot Kyle"と入力すると検索して表示してくれます。パスは"Assets/UnityTechnologies/SpaceRobotKyle/Prefabs/Robot Kyle.prefab"にあります。

"Robot Kyle"をドロップしてシーンに配置してみましょう（図4.7）。配置したら名前を"RobotEnemy"に変更して、変更を加える前に"Assets/Prefabs"にフォルダを作成して、ドロップしてプレハブにしましょう。このとき「Create Prefab or Variant」のダイアログが表示されるので「Prefab Variant」を選択します。これで元のプレハブに変更を加えずに、独自の機能を追加していくことができます。

図4.7 "Robot Kyle"をシーンへ追加

4-2-2 プレイヤーの機能を削除

"RobotEnemy"はプレイヤーとしての機能を持っているので、このまま実行すると"RobotEnemy"を操作するようになってしまいます。敵はコードで動かすので、「Hierarchy」ウィンドウで"RobotEnemy"を選択し、「Inspector」ウィンドウから以下の不要なコンポーネントを削除します。コンポーネントの削除方法は、各コンポーネントの右の縦三点をクリックして「Remove Component」を選択して以下の順で削除します。

・Third Person Controller
・Character Controller
・Basic Rig Body Push
・Starter Assets Input
・Player Input

削除結果は、**図4.8**のようになります。削除が終わったら、「Inspector」ウィンドウの[Transform]の上にある[Overrides]ボタンをクリックして[Apply All]を選択しプレハブに反映します。

図4.8　コンポーネントを削除

4-2-3　敵のLayerの追加

現在敵のコリジョンとカメラの視線が衝突しているため、カメラの前に敵が入るとカメラが敵を避けようとして不自然な挙動になります。これを防ぐために、敵を"Enemy"レイヤーに変更することでカメラの視線と衝突しなくなります。

図4.9　"PlayerFollowCamera"の衝突判定設定

衝突を判定するレイヤー設定は"Player FollowCamera"ゲームオブジェクトの「Inspector」ウィンドウ内の[Cinemachine VirtualCamera] → [Body] → [Camera Collision Filter]にあります。"Default"となっているので、現在"Default"レイヤーとの衝突判定を行うようになっているのが分かります(**図4.9**)。

1　"Enemy"レイヤーの追加

「Hierarchy」ウィンドウで"RobotEnemy"を選択し、「Inspector」ウィンドウの右上の[Layer]をクリックして[Add Layer...]を選択します。「Tags & Layers」設定ウィンドウが開くので、[User Layer 7]に"Enemy"と入力します(**図4.10**)。

図4.10　"Enemy"レイヤーの追加

2 "Enemy"レイヤーを設定

再度「Hierarchy」ウィンドウで"Robot Enemy"を選択し、[Layer]で"Enemy"レイヤーを選択します。レイヤー設定時に「Change Layers」のウィンドウが表示された場合は、[Yes, change children]を選択します（図4.11）。このゲームオブジェクトの子を含めて"Enemy"レイヤーになります。

図4.11　"Enemy"レイヤーの設定

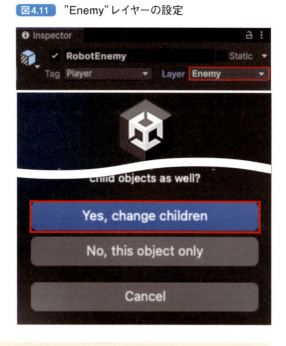

4-2-4　敵のタグの追加

衝突時に敵かどうかを判定できるようにするためにタグを追加します。

1 "Enemy"タグの追加

「Inspector」ウィンドウで[Tag]を選択し、[Add Tag...]を選択します（図4.12）。プラス ＋ ボタンをクリックして「New Tag Name」に"Enemy"と入力し、[Save]ボタンをクリックします（図4.13）。"タグ 1"に"Enemy"が追加されました。

図4.12　タグの追加

図4.13　"Enemy"タグの追加と保存

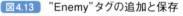
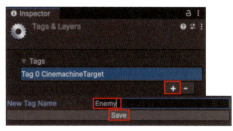

2 "Enemy"タグの設定

再度「Hierarchy」ウィンドウで"Robot Enemy"を選択し、「Inspector」ウィンドウで「Tag」を"Enemy"に変更します（図4.14）。

図4.14　"RobotEnemy"に[Tag]"Enemy"を設定

4-2-5 敵にコライダーと物理の追加

プレイヤーとの衝突判定用に、"RobotEnemy"にコライダーを追加して設定していきます。

1 「Capsule Collider」の追加

「Hierarchy」ウィンドウで"RobotEnemy"を選択し、「Inspector」ウィンドウでカプセル形状の衝突判定コンポーネントの「Capsule Collider」を追加します（図4.15）。

図4.15 "RobotEnemy"のCapsule Colliderの設定

2 「Capsule Collider」の調整

「Inspector」ウィンドウの「Capsule Collider」の[Edit Collider]ボタンをクリックすると、Sceneウィンドウに緑色のカプセル形状の枠が表示されるので、小さい四角をドラッグしてサイズや位置を調整します（図4.15）。高さが頭の上から膝の辺りまで、半径は胴を覆うぐらいに[Radius]は"0.15"にしておきます。また膝下が段差にひかからないように隙間をあけています。数値ではCenter=(0, 1.2, 0)、[Height] ="1.2"ぐらいになります。

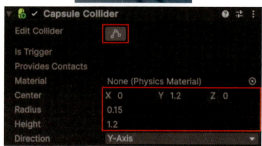

4-2-6 Rigidbodyコンポーネントの追加

衝突判定に物理を使うので"RobotEnemy"に「Rigidbody」コンポーネントを追加します。

1 "RobotEnemy"に「Rigidbody」コンポーネントの追加

「Hierarchy」ウィンドウで"RobotEnemy"を選択し、「Inspector」ウィンドウで「Rigidbody」コンポーネントを追加します。追加したら、歩くときにあまり滑らないように"[Drag] ="10"、[Angular Drag] ="10"にして摩擦力を大きくしておきます（図4.16）。

2 コライダーの回転防止

またコライダーが回転しないように[Constraints]を開き[Freeze Rotation]の[X]と[Z]にチェックを入れてその軸で回転しないようにします（図4.16）。
この状態で実行するとコリジョンの位置まで落下しますが、後でナビメッシュで移動するようにすると落ちなくなります。

図4.16 "RobotEnemy"の「Rigidbody」の設定

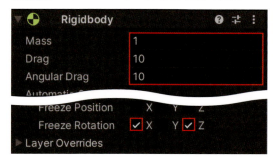

4-2-7 プレイヤーを追跡する機能の追加

　敵がプレイヤーを追いかけるようなAIを追加してみましょう。Unityがパッケージとして提供しているナビメッシュ（NavMesh）と呼ばれている経路探索機能を使えば比較的容易に実装できます。ナビメッシュは予め障害物を避けた歩ける場所を事前に計算しておきます。この計算には時間がかかるので、ベイク（Bake）と呼ばれる手順で、シーンの作成時に一緒に作成しておきます。実行時にはこのベイクされた情報に基づいて、自動的に最適な経路を選択して指定した目的地に到達します。

1 「AI Navigation」のインポート

　ナビメッシュを使うには「AI Navigation」パッケージが必要になります。「Package Manager」から「Unity Registry」を選択し「AI Navigation」がインストールされているか確認します（図4.17）。右上のボタンが [Remove] となっている場合は既にインストールされています。[Install] となっている場合はボタンをクリックしてインストールしてください。

図4.17 「Package Manager」の「AI Navigation」

2 経路探索機能の追加

「Hierarchy」ウィンドウで"RobotEnemy"を選択して、「Inspector」ウィンドウで「Nav Mesh Agent」を追加します（図4.18）。これで敵がターゲット座標に向かう経路探索機能が追加されます。今回はデフォルトの [Radius] ="0.5" メートル、[Height] ="2" メートルにしておきますが、必要に応じて適宜調整してみてください。

図4.18 「Nav Mesh Agent」の設定

3 「Nav Mesh Agent」の設定ウィンドウ

[Agent Type]のドロップダウンを開き[Open Agent Settings...]を選択すると設定ウィンドウが表示されます（図4.19）。このウィンドウではシリンダーの形が画像で表示されていて設定が感覚的につかみやすくなっています。[Step Height]は、この高さ（設定では75cm）までの段差は乗り越えて行きます。また、[Max Slope]はこの角度（設定では45度）以下の坂は登って行きます。ひとまずこのままにしておきます。

図4.19 「Agent Settings」

コラム　Nav Mesh Agentコンポーネント

「Nav Mesh Agent」コンポーネントはナビメッシュ情報に従って、目的地へ自動的に移動する機能を提供します。また「Nav Mesh Agent」同士がぶつからないように互いに回避する機能も持ちます。

「Nav Mesh Agent」を見ると色々なパラメーターがありますが、ここでまず見ておくのは、キャラクターの半径の"Radius"と"Height"の高さです。ちょうど円筒（シリンダー）の形になります。ナビメッシュをベイク（Bake）することで、この円筒のサイズが通れる場所を探してくれます。[Height]はキャラクターの中心座標（"RobotEnemy"は足元）から頭までの高さで、頭がぶつかるかどうかも調べます（もし、キャラクターの中心座標が足元でない場合は、"Base Offset"で調整できます）。

4-2-8　歩ける場所の作成

次に"Nav Mesh Surface"を使って歩ける場所を作成します。下記手順に従って作成します。

1 歩ける場所管理用ゲームオブジェクトの作成

「Hierarchy」ウィンドウでプラスボタンから「Create Empty」でゲームオブジェクトを作成し、名前を"Nav Mesh Surface Settings"にします（図4.20）。

2 「Nav Mesh Surface」コンポーネントの追加

"Nav Mesh Surface Settings"に「Nav Mesh Surface」コンポーネントを追加します（図4.20）。

図4.20 「Nav Mesh Surface」コンポーネント

3 ナビメッシュのベイク

右下にある[Bake]ボタンを押します。歩ける場所を自動的に調べて、水色に表示されます（図4.21）。なお、右下の「AI Navigation」ウィンドウは、下部の「Overlay Menu」のコンパスのアイコンをクリックすることで表示/非表示を切り替えることができます。また、水色のナビメッシュ領域の表示は、「AI Navigation」ウィンドウの[Show NavMesh]で切り替えることができます。両方とも一旦非表示にしておきます。

図4.21 ナビメッシュが敷かれた状態

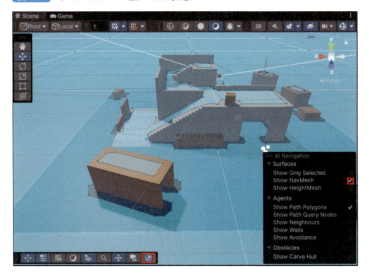

4-2-9 敵のスクリプトの作成

　敵がプレイヤーを追いかけるようにするためには、「Nav Mesh Agent」に移動先となるプレイヤーの座標を指定する必要があります。そのためのスクリプトを作成していきましょう。

1 敵のスクリプトの作成

「Project」ウィンドウで"Assets/Scripts"フォルダを作成して、そこに"Enemy.cs"スクリプトを作成してください（リスト4.1）。navMeshAgent.destinationにプレイヤーの座標をセットすることで、最適な経路で自動的に移動するようになります。

リスト4.1　Enemy.cs

```
using UnityEngine;
using UnityEngine.AI;

public class Enemy : MonoBehaviour
{
    private GameObject playerGameObject;
    private NavMeshAgent navMeshAgent;

    void Awake()
    {
        //NavMeshAgentのコンポーネントを取得します。
        navMeshAgent = GetComponent<NavMeshAgent>();
    }
    void Start()
    {
        //ターゲットとなるプレイヤーのゲームオブジェクトを取得します。
        playerGameObject = GameObject.FindGameObjectWithTag("Player");
    }
    void Update()
    {
        //NavMeshAgentに目的地(プレイヤーの座標)を設定します。
        navMeshAgent.destination = playerGameObject.transform.position;
    }
}
```

2　プレイヤーを追いかける敵

「Hierarchy」ウィンドウで"RobotEnemy"を選択して、作成した"Enemy.cs"スクリプトを、「Project」ウィンドウから「Inspector」ウィンドウの[Add Component]ボタン辺りにドロップして追加してください。実行すると、"RobotEnemy"がプレイヤーを追いかけてきます(**図4.22**)。"RobotEnemy"の移動速度は「Nav Mesh Agent」の[Speed]で調整できます。ちょっと速めなので2にしておきます。尚、敵は歩きなどのアニメーションはまだしません。

図4.22　プレイヤーを追いかけてくる敵

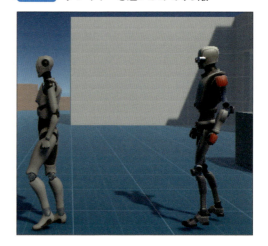

3　マウスでのカメラの回転速度の調整

マウスでのカメラの回転が遅い場合は、入力設定"Assets/StarterAssets/Runtime/InputSystem/StarterAssets.inputactions"(ファイル名に注意)をダブルクリックして、[Player] → [Look] → [Delta [Pointer]] → [Scale Vector 2] の [X] , [Y] の値を "0.5" ぐらいに大きくします(**図4.23**)。右上の [Save Asset] ボタンをクリックして保存します。

図4.23 カメラの回転速度の調整

4-2-10 敵のアニメーターコントローラーの作成

"RobotEnemy"は現在滑って移動してくるだけなので、歩くようにアニメーションを入れていきましょう。「歩き」「走り」などの個々の動きのアニメーションであるアニメーションクリップは「StarterAssets」のものを使います。アニメーションを行うには、まず最初にアニメーションを管理する「アニメーターコントローラー」を作成します。

1 「アニメーターコントローラー」の作成

「Project」ウィンドウで"Assets/Animations"フォルダを作成します。フォルダを右クリックしてメニューから [Create] → [Animation] → [Animator Controller] を選択します。作成されたファイルの名前を"Enemy"にします。拡張子も含めたファイル名は"Enemy.controller"になります(図4.24)。

図4.24 "Enemy.controller"の作成

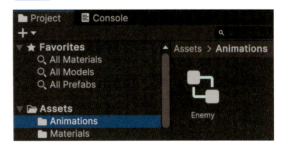

2 「アニメーターコントローラー」の追加

「Hierarchy」ウィンドウで"RobotEnemy"を選択して、Inspectorウィンドウで「Animator」コンポーネントの [Controller] に"Enemy.controller"をドロップしてセットします(図4.25)。

図4.25 「Animator Controller」の設定

3 ルートモーションの解除

「Apply Root Motion」のチェックが外れていることを確認して（図4.26）、アニメーションでの座標移動を行わないようにします。座標移動はプログラムで行います。

図4.26 「Apply Root Motion」のチェックは外す

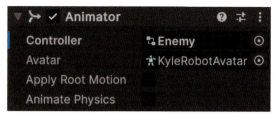

4-2-11 アニメーターの設定

次にアニメーターの設定を行っていきます。アニメーターは、個々のアニメーションクリップをどのように再生するかを設定します。またアニメーションクリップの遷移を滑らかに繋げるアニメーションブレンド機能も持っています。

1 「Animator」ウィンドウを開く

「Enemy.controller」をダブルクリックして「Animator」ウィンドウを開きます（図4.27）。メニューから [Window] → [Animator] でも開くことができます。「Animator」ウィンドウの中をスクロールするには、マウスの中ボタンで押しながらドラッグします。またホイールで拡大縮小が行えます。

図4.27 「Animator」ウィンドウ

2 ブレンドツリーの作成

停止から歩き走りに遷移するアニメーションをブレンドツリーという仕組みで作成します。ブレンドツリーという仕組みを使うと停止、歩き、走りのアニメーションを移動速度によって滑らかに合成してくれます。

空白の場所で右クリックメニューから [Create State] → [From New Blend Tree] を選びます。「Inspector」ウィンドウで名前を "Idle Walk Run Blend" に変更します（図4.28）。

図4.28 Blend Treeの作成

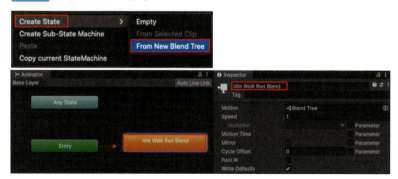

3 ブレンドツリーの編集

[Idle Walk Run Blend] をダブルクリックして開きます。「Inspector」ウィンドウでMotionリストの右下のプラス[+]ボタンをクリックして[Add Motion Field]を選びます。これを3回繰り返し3行作成します（図4.29）。上から順に2重丸をクリックして、アニメーションクリップの"Idle", "Walk_N", "Run_N"を選択します（図4.30）。

図4.29　Motionの追加

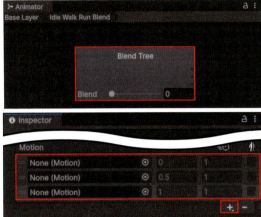

図4.30　Motionの設定

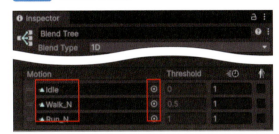

4 移動速度のパラメーターの作成

「Animator」ウィンドウの[Parameters]タブを選択し、"Blend"をクリックして名前を[Speed]に変更します（図4.31）。

図4.31　"Blend"を[Speed]に変更

5 アニメーションの確認

これで、[Speed]の値に移動速度を渡すことによって、"Idle", "Walk_N", "Run_N"のアニメーションクリップがブレンドされ、滑らかにアニメーションが遷移するようになります。
右下のプレビューウィンドウ（隠れている場合は上にドラッグして引き出します）の再生ボタンを押して、[Blend Tree]ノードの[Speed]のスライダーを動かすと、ブレンドされたアニメーションを確認することができます（図4.32）。

図4.32　アニメーションブレンドの確認

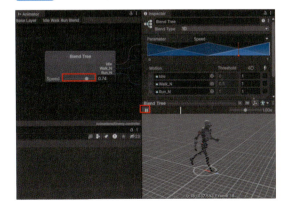

Chapter 4　鬼ごっこゲームを作ろう

4-2-12　移動速度をスクリプトから設定

追加したパラメーターの [Speed] にスクリプトから速度を渡してみましょう（**リスト4.2①**
〜⑥）。Animatorのパラメーターの [Speed] に移動速度を設定することで、アニメーション
ブレンドで停止から走りまでのアニメーションを再生するようにしています。

リスト4.2　[Speed] にスクリプトから速度を設定

```
(前略)
public class Enemy : MonoBehaviour
{
    private GameObject playerGameObject;
    private NavMeshAgent navMeshAgent;
    //①Animatorのコンポーネントを保持しておきます。
    private Animator animator;
    //②[Speed]の識別子を保持しておきます。
    private int animIDSpeed;

    void Awake()
    {
        //NavMeshAgentのコンポーネントを取得します。
        navMeshAgent = GetComponent<NavMeshAgent>();
        //③Animatorのコンポーネントを取得します。
        animator = GetComponent<Animator>();
        //④Animatorのパラメーターの[Speed]の識別子を取得します。
        animIDSpeed = Animator.StringToHash("Speed");
    }
(中略)
    void Update()
    {
        //NavMeshAgentに目的地(プレイヤーの座標)を設定します。
        navMeshAgent.destination = playerGameObject.transform.position;
        //⑤[Speed]に移動速度を設定します。
        animator.SetFloat(animIDSpeed, navMeshAgent.speed);
    }
    //⑥ここから
    private void OnFootstep(AnimationEvent animationEvent)
    {
    }
    //⑥ここまで
}
```

　ここで追加したOnFootstep()関数（**リスト4.2⑥**）は、足が接地したときに呼び出される関
数で、足音を鳴らすコードなどを記述します。今回は、この関数がないとエラーログが表示さ
れるために追加しているだけなので、何も処理を行なっていません。この通知機能はアニメー
ションイベントと呼ばれ「Walk_N」と「Run_N」のアニメーションに設定されています。

138

実行して確認してみましょう。Enemyが走ってくるアニメーションでプレイヤーを追いかけてきます。

4-2-13 アニメーションの調整

現在アニメーションの速度と移動速度に違和感があると思います。アニメーションの遷移速度を調整してアニメーションの速度と移動速度を合わせてみましょう。

1 しきい値の変更

「Inspector」ウィンドウの [Automate Thresholds] のチェックボックスを外すと、各アニメーションクリップのThresholdの値を変更できます。
[Speed] の値が各 [Threshold] の値と一致しているときは、そのアニメーションクリップのモーションを100%の割合で再生します。[Speed]の値が各Thresholdの値の間にある場合は、2つのアニメーションクリップのモーションを割合で掛け合わせて再生します。これがアニメーションブレンドという仕組みで、[Threshold] の値を調整して [Speed] の値とアニメーションに違和感がないように調整します。
[Threshold] の値は実行中でも変更できるので、実際に動かしなから適切な値を見つけてください。ここでは図4.33のように、上から"0"、"2.3"、"4"にしています。「Project」ウィンドウで"RobotEnemy"を選択し、「Inspector」ウィンドウで [Overrides] → [Apply All] をクリックしてプレハブに反映しておいてください。

図4.33 アニメーションのThresholdの調整

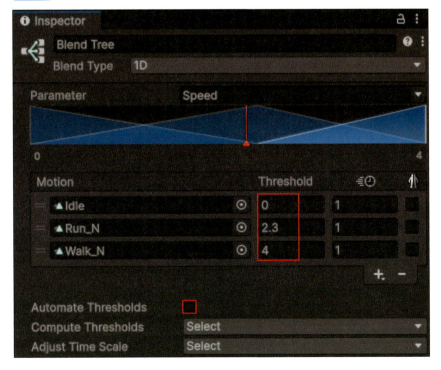

Chapter 4　鬼ごっこゲームを作ろう

4-3 アイテムを作成しよう

ここでは、プレイヤーが集めるアイテムを作成していきます。このアイテムをすべて集めることがこのゲームの目的になります。このアイテムを全て集めたときにゴール地点を表示して、ゴールに辿り着いたらゲームクリアになるようにします。

4-3-1 アイテムのゲームオブジェクトの作成

ここでは、プレイヤーが集めるアイテムを作成していきます。次の手順で作成します。

1 アイテムのゲームオブジェクトの作成

「Hierarchy」ウィンドウの左上のプラスボタンを押して、[3D Object]→[Sphere]で球を作成します。名前を"ItemGold"に変更します。Scaleを(0.5, 0.5, 0.5)にします（図4.34）。この球を集めるアイテムとします。

図4.34　"ItemGold"のScaleの設定

2 マテリアルの変更

マテリアルで色を変えて分かりやすくします。「Project」ウィンドウで"Assets/Materials"フォルダを作成し、右クリックメニューから「Create→Materia」を選びマテリアルを作成します。"ItemGold"というファイル名に変更します。
「Base Map」を黄色にして、「Metallic Map」を0.5ぐらいにして金属ぽくしてみます（図4.35）。作成したマテリアルを"ItemGold"ゲームオブジェクトの「Inspector」ウィンドウの「Add Component」ボタン辺りにドロップして設定します。

図4.35　アイテムのマテリアル

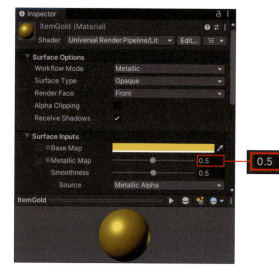

140

4-3-2 アイテムのスクリプトの作成

作成したアイテムがプレイヤーに衝突したら、取得したことにして消えるようにします。

1 「Is Trigger」で接触判定にする

"ItemGold"の「Inspector」ウィンドウで「Sphere Collider」コンポーネントの「Is Trigger」にチェックを入れてください（図4.36）。ここにチェックを入れるとプレイヤーと衝突しても衝突した判定は行われますが、物理挙動は行わなくなります。つまりすり抜けます。

図4.36 "ItemGold"の「Is Trigger」にチェックをいれる

2 アイテムスクリプトの作成

アイテム用のスクリプト"Assets/Scripts/ItemGold.cs"を作成して、"ItemGold"ゲームオブジェクトに追加してください（図4.37）。

図4.37 "ItemGold.cs"の追加

3 アイテムスクリプトの入力

"ItemGold.cs"に**リスト4.3**のコードを入力します。衝突した際にはスクリプトの"OnTriggerEnter()"関数が呼び出されますので、相手のタグが"Player"だった場合に、Destroy(gameObject)で、アイテム自身を破棄しています。

リスト4.3 ItemGold.cs

```
using UnityEngine;

public class ItemGold : MonoBehaviour
{
    private void OnTriggerEnter(Collider other)
    {
        if (other.tag == "Player")
        {
            Destroy(gameObject);
        }
    }
}
```

実行して、プレイヤーが"ItemGold"に接触すると消えることを確認しましょう。確認できたら、「Hierarchy」ウィンドウから"ItemGold"を「Project」ウィンドウの"Assets/Prefabs"にドロップしてプレハブ化しておきます。

Chapter 4　鬼ごっこゲームを作ろう

4-4 ゲームクリアを作成しよう

ステージ上のアイテムを、全て集めたらゴール地点が現れて、プレイヤーがそこに到達するとゲームクリアにしたいと思います。

4-4-1　ゲームマネージャーの作成

　ゲーム全体の進行を管理するゲームマネージャーというゲームオブジェクトを作成して、まずステージ上のアイテムを全部集めたかを判定しようと思います。

1 ゲームマネージャーゲームオブジェクトの作成

「Hierarchy」ウィンドウの [+] メニューから [Create Empty] を選んで空のゲームオブジェクトを作成してください。名前を"GameManager"にします（図4.38）。

図4.38　"GameManager"ゲームオブジェクトの作成

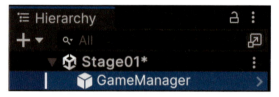

2 ゲームマネージャースクリプトの作成

　"Assets/Scripts/GameManager.cs"スクリプトを作成して、"GameManager"ゲームオブジェクトに追加し、**リスト4.4**のスクリプトを入力します。**リスト4.4**はアイテム生成時にAddItem()を呼び、破棄時にRemoveItem()を呼ぶことで全てのアイテムの参照を保持するコードになります。

リスト4.4　GameManager.cs

```
using System.Collections.Generic;
using UnityEngine;

public class GameManager : MonoBehaviour
{
    public int TotalItemCount => itemGoldList.Count;
    private List<ItemGold> itemGoldList = new List<ItemGold>();
```

142

```
    public void AddItem(ItemGold itemGold)
    {
        itemGoldList.Add(itemGold);
    }
    public void RemoveItem(ItemGold itemGold)
    {
        itemGoldList.Remove(itemGold);
    }
}
```

4-4-2 アイテムの登録と解除

アイテムはStart()で"GameManager"のAddItem()を呼び出して登録し、破棄されるときにRemoveItem()を呼び出して登録解除するようにします。そのためにアイテムからこのゲームマネージャーを探すことができるようにタグを追加します。

1 ゲームマネージャーのタグ追加と設定

「Inspector」ウィンドウの「Tag」のプルダウンを開き「Add Tag」を選びます。「Tags & Layers」ウィンドウの「Tags」のプラスボタンをクリックして「New Tag Name」に"GameManager"と入力し、「Save」ボタンを押して保存します。作成したタグ"GameManager"をゲームオブジェクト"GameManager"に設定します（図4.39）。

図4.39　Tag="GameManager"の設定

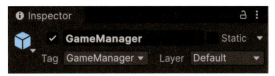

2 ゲームマネージャーにアイテムの登録と解除

リスト4.5の①と②の箇所をItemGold.csに追加します。Start()でアイテム自身をGameManagerに登録し（①）、Destroy()で自身を破棄する前にGameManagerから登録を解除しています（②）。登録を解除したときにリスト"itemGoldList"のサイズが0になったら、アイテムを全て集めたと判定しようと思います。

リスト4.5　"ItemGold.cs"

```
using UnityEngine;

public class ItemGold : MonoBehaviour
{
    //①ここから
    private GameManager gameManager;
```

```
    private void Start()
    {
        gameManager = GameObject.FindGameObjectWithTag("GameManager").
        GetComponent<GameManager>();
        gameManager.AddItem(this);
    }
    //①ここまで
    private void OnTriggerEnter(Collider other)
    {
        if (other.tag == "Player")
        {
            //(②)
            gameManager.RemoveItem(this);
            Destroy(gameObject);
        }
    }
}
```

「Hierarchy」ウィンドウから"GameManager"を「Project」ウィンドウの"Assets/Prefabs"にドロップしてプレハブにしておいてください。

4-4-3 ゴール地点の作成

アイテムをすべて集めたら、ゴール地点を表示します。プレイヤーが接触したらゴールとする地点を作成していきます。図4.40のようなものを作成していきます。

図4.40 ゴール地点

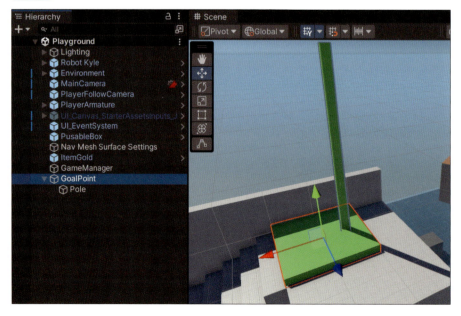

1 ゴールのプレハブの作成

「Hierarchy」ウィンドウの左上のプラスボタンをクリックして、メニューから[3D Object] → [Cube] を選択してキューブを作成します。シーンにある建物の頂上地点にCubeを配置します。座標は(5.26, 6.1, 8.33)、Scaleは(2, 0.2, 2)にします(**図4.41**)。名前を"GoalPoint"にします。

図4.41　"GoalPoint"の座標とスケールの設定

2 マテリアルで色の変更

ゴールと分かるように色を変えておきましょう。マテリアル"Assets/Materials/GoalPoint.mat"を作成して色も変えて"GoalPoint"ゲームオブジェクトに追加しておきましょう。**図4.42**では緑色にしています。

図4.42　"GoalPoint.mat"の設定

3 タグの設定

ゴール地点を検索するためにタグを追加します。「Inspector」ウィンドウからTagのプルダウンを開き[Add Tag]をクリックして、設定ウィンドウを開き、"GoalPoint"の名前でタグを追加して"GoalPoint"ゲームオブジェクトに設定してください(**図4.43**)。

図4.43　Tag="GoalPoint"の設定

4 ポールの作成

目立つようにポールを立てておきます。「Hierarchy」ウィンドウから[+]ボタンをクリックし[3D Object] → [Cylinder]でシリンダーを作成します。「Hierarchy」ウィンドウ上で"GoalPoint"にドロップして子にします。名前を"Pole"に変更して、座標は(-0.28, 9.52, 0)、Scaleは(0.1, 10, 0.1)にします。マテリアルは先程作成した"GoalPoint.mat"を設定して同じ色にしておきます(**図4.44**)。

図4.44　"Pole"の設定

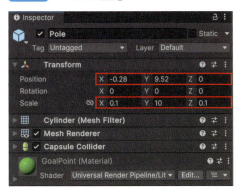

Chapter 4 鬼ごっこゲームを作ろう

4-4-4 ゴールのスクリプトの作成

作成した"GoalPoint"のゲームオブジェクトは、最初は非表示にしておきアイテムを全て取得したら表示するようにします。それを"GameManager"で行います。

GameManager.csに **リスト4.6**の①と②の箇所を追加します。Start()でGameObject. FindGameObjectWithTag()関数で"GoalPoint"タグの付いたゲームオブジェクトを検索しています。見つかった"GoalPoint"をSetActive(false)で非表示にしています。アイテムをすべて取得してitemGoldList.Countが0になったらSetActive(true)で表示しています。

リスト4.6 "GoalPoint"の非表示／表示

```
(前略)
public class GameManager : MonoBehaviour
{
    public int TotalItemCount => itemGoldList.Count;
    private List<ItemGold> itemGoldList = new List<ItemGold>();
    //①ここから
    // GoalPointのゲームオブジェクトを保持します。
    private GameObject goalPoint;
    private void Start()
    {
        //GoalPointのゲームオブジェクトを検索します。
        goalPoint = GameObject.FindGameObjectWithTag("GoalPoint");
        //GoalPointのゲームオブジェクトを非表示にします。
        goalPoint.SetActive(false);
    }
    //①ここまで
(中略)
    public void RemoveItem(ItemGold itemGold)
    {
        itemGoldList.Remove(itemGold);
        //②ここから
        if (itemGoldList.Count == 0)
        {
            goalPoint.SetActive(true);
        }
        //②ここまで
    }
}
```

実行して、ゲーム開始時にゴール地点は表示されていなく、アイテムを取得するとゴール地点が表示されることを確認してください。

4-4　ゲームクリアを作成しよう

4-4-5　ゴールのUIの作成

プレイヤーがゴールしたら、"Goal"と表示して、敵は全部消しましょう。下記手順で"Goal"と表示するウィンドウを作成していきます。

1　"Canvas"の作成

「Hierarchy」ウィンドウでプラス+ボタンをクリックし[UI] → [Canvas]を選択します。"Canvas"の「Inspector」ウィンドウにある「Canvas Scaler」コンポーネントの[UI Scale Mode]を[Scale With Screen Size]にします（図4.45）。これは画面解像度に連動してUIの表示サイズを自動スケーリングしてくれます。

図4.45　「UI Scale Mode」を「Scale With Screen Size」

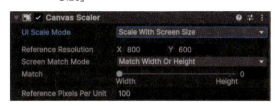

2　TextMeshProのインポート

"Canvas"を選択した状態で、再度プラス[+]ボタンをクリックし[UI] → [Text - TextMeshPro]を選択します。（図4.46）のダイアログが表示されたら、[Import TMP Essentials]ボタンをクリックします。「Import Unity Package」ウィンドウが表示されたら[Import]ボタンをクリックします（ウィンドウを消してしまった場合は、メニューの[Window] → [TextMeshPro] → [Import TMP Essential Resources]を選びます）。

図4.46　TMP Importerウィンドウ

3　表示の確認

「Game」ビューに"New Text"と表示されたと思います（図4.47）。作成されたTextMeshProゲームオブジェクトの名前を、分かりやすいように"Text_GOAL"にしておきます。

図4.47　"New Text"と表示

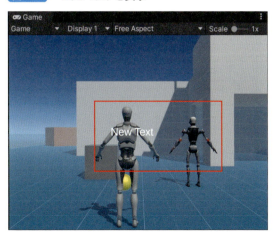

4 表示エリアの調整

"Text_GOAL"のテキストの表示エリアを調整します。「Inspector」ウィンドウで「Rect Transform」の [PosX]="0"、[PosY]="0"、[Width]="400"、[Height]="100" にします（図4.48）。

図4.48 「Rect Transform」の設定

5 表示文字列の設定

TextMeshProの文字列の設定箇所は"New Text"となっているので、ここを"GOAL"に変更します（図4.49）。

図4.49 "GOAL"と表示

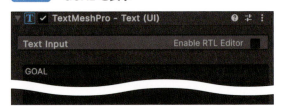

6 フォントサイズの変更

[Font Size]="100" にして文字を大きくします。Alignmentを横方向を中央寄せ、縦方向も中央寄せになるようにします（図4.50）。

図4.50 Front SizeとAlignmentの設定

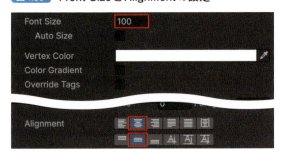

7 マテリアルプリセットの作成

文字の色や縁取りを加えていきたいのですが、Materialでのカラーやアウトライン設定を行う場合にこのマテリアルを変更すると、このマテリアルを使うすべてのTextMeshProの文字に変更が反映されてしまいます。それを個別に設定するにはマテリアルプリセットを使用します。マテリアルプリセットを増やすには「Inspector」ウィンドウのマテリアルの円の画像辺りで右クリックメニューから「Create Material Preset」を選択します（図4.51）。「Project」ウィンドウにマテリアルプリセットのファイルが生成されるので、分かりやすいファイル名に変えておきます。ここでは"LiberationSans SDF Goal"という名前にします。

図4.51 マテリアルプリセットの追加

8 文字の表示設定

作成したマテリアルプリセットの「Inspector」ウィンドウの [Face] で文字の色を、[Outline] の [Color] で文字の縁取りの色、[Thickness] で太さを指定できるので適宜設定してみてください (図4.52)。

図4.52 "GOAL"の表示

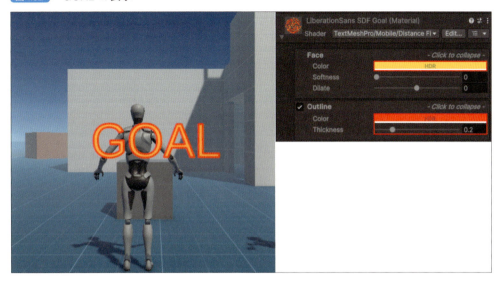

4-4-6 ゴールしたときのUIの表示

"GOAL"の表示をプレイヤーがゴールしたときに表示するようにします。

1 ゴールUIの表示と非表示

GameManager.csに **リスト4.7**③〜⑤の箇所を追加してください。ゲームスタート時は非表示にして、ArrivedAtGoal()関数を呼ばれたときに表示するようにしています。また、ゴールしたかどうかのフラグ "IsPlayerArrivedAtGoal" も追加しています。

リスト4.7 "GOAL"の表示と非表示

```
(前略)
public class GameManager : MonoBehaviour
{
    //③ここから
    [SerializeField]
    //"GOAL"の参照です。
    GameObject goalText;
    // ゴールしたかどうか？
```

```
        public bool IsPlayerArrivedAtGoal { get; private set; } = false;
        //③ここまで
(中略)
    private void Start()
    {
(中略)
        goalPoint.SetActive(false);
        //④"GOAL"を非表示にします。
        goalText.SetActive(false);
    }
    //①ここまで
    //⑤ここから "GOAL"を表示します。
    public void PlayerArrivedAtGoal()
    {
        if (!IsPlayerArrivedAtGoal)
        {
            IsPlayerArrivedAtGoal = true;
            goalText.SetActive(true);
        }
    }
    //⑤ここまで
(中略)
}
```

2 GameManagerにゴールの参照設定

GameManager.csを保存してUnityに戻ります。"GOAL"の参照は、[SerializeField]で設定するようにしているので、"GameManager"の「Inspector」ウィンドウの[Goal Text]に"Text_GOAL"ゲームオブジェクトをドロップしてセットしてください（図4.53）。

図4.53　"Text_GOAL"ゲームオブジェクトのセット

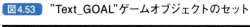

3 ゴール地点のスクリプトの作成

ゴール地点にプレイヤーが到達したことを判定するために、"Assets/Scripts/GoalPoint.cs"スクリプトを作成して、"GoalPoint"ゲームオブジェクトにスクリプトをセットしてください（図4.54）。

図4.54　"GoalPoint.cs"のセット

4 ゴール地点の設定

プレイヤーが使っている「Character Controller」コンポーネントは「RidgidBody」を使わないため、OnCollisionEnter()で衝突判定を取得できません。しかしOnTriggerEnter()は使えます。なので、"GoalPoint"に既存の「BoxCollider」に加えてもう1つトリガー用の「BoxCollider」を追加します。"GoalPoint"の「Inspector」ウィンドウで[Add Componet]をクリックして「Box Collider」を追加します。追加したらSizeを(1, 3, 1)として、上下方向の大きさを調整し、コリジョンより大きくしておきます。[Is Trigger]にチェックを入れます（図4.55）。

図4.55 "GoalPoint"に2つ目の「Box Collider」を追加した状態

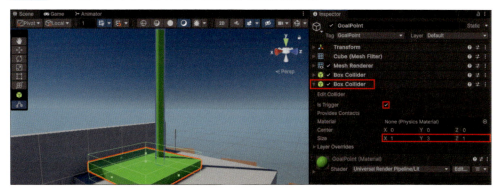

5 ゴール地点のスクリプトの入力

GoalPoint.csに**リスト4.8**を入力します。OnTriggerEnter()関数でプレイヤーと接触したらゲームマネージャーのPlayerArrivedAtGoal()関数を呼び出しています。

リスト4.8 GoalPoint.cs

```
using UnityEngine;

public class GoalPoint : MonoBehaviour
{
    private GameManager gameManager;
    void Start()
    {
        gameManager = GameObject.FindGameObjectWithTag("GameManager").
        GetComponent<GameManager>();
    }
    private void OnTriggerEnter(Collider other)
    {
        if (other.tag == "Player")
        {
            gameManager.PlayerArrivedAtGoal();
        }
    }
}
```

Chapter 4　鬼ごっこゲームを作ろう

　実行してアイテムを取得してゴールに到達したら画面に"GOAL"と表示されることを確認します。確認するときは、アイテムとゴール地点をプレイヤーのすぐ近くに配置しておくとすぐに確認できるので適宜調整してください。

　確認できたら"GoalPoint"ゲームオブジェクトを、「Project」ウィンドウの"Assets/Prefabs"にドロップしてプレハブにしておきます。

4-4-7　ゴールしたときに敵を消す

　プレイヤーがゴールしても敵は移動しっぱなしなので、消してみることにします。それには、敵がプレイヤーのゴールを検出して、自身を破棄するようにします。

1　プレイヤーがゴールしたときの通知の仕組みの作成

GameManager.csにプレイヤーがゴールしたことを他のゲームオブジェクトに通知する仕組みを追加します（**リスト4.9**⑥～⑧）。
UnityEventを使うと登録した他のスクリプトのメソッドを呼び出すことができます。ここではプレイヤーがゴールしたときにOnPlayerGoal.Invoke();を実行して、登録されている敵のスクリプトのメソッドを呼び出します。また、[SerializeField]にしているので、「Inspector」ウィンドウからも登録することもできます。

> **リスト4.9**　プレイヤーがゴールしたときのイベントを追加

```
using System.Collections.Generic;
using UnityEngine;
//⑥
using UnityEngine.Events;

public class GameManager : MonoBehaviour
{
(中略)
    GameObject goalText;

    //⑦ここから
    [SerializeField]
    public UnityEvent OnPlayerGoal = new UnityEvent();
    //⑦ここまで
(中略)
    public void PlayerArrivedAtGoal()
    {
        if (!IsPlayerArrivedAtGoal)
        {
            IsPlayerArrivedAtGoal = true;
            goalText.SetActive(true);
            //⑧
```

152

```
            OnPlayerGoal.Invoke();
        }
    }
(中略)
}
```

2 敵がプレイヤーのゴールの通知を受ける

Enemy.cs に**リスト4.10**の追加を行います。GameManager を保持するフィールドを用意します（⑦）。プレイヤーがゴールした時に呼び出される関数OnPlayerGoal()（⑨）を、GameManager の OnPlayerGoal イベントに AddListener() で登録します（⑧）。これでプレイヤーがゴールしたときに OnPlayerGoal() が呼ばれるので、自分自身を Destroy() で破棄して消しています。

リスト4.10　プレイヤーがゴールしたときに敵を破棄する

```
(前略)
public class Enemy : MonoBehaviour
{
(中略)
    private int animIDSpeed;
    //⑦GameManagerを保持します。
    private GameManager gameManager;

    void Awake()
    {
(中略)
        animIDSpeed = Animator.StringToHash("Speed");
        //⑧ここから
        gameManager = GameObject.FindGameObjectWithTag("GameManager").
        GetComponent<GameManager>();
        gameManager.OnPlayerGoal.AddListener(OnPlayerGoal);
        //⑧ここまで
    }
(中略)
    //⑥ここまで
    //⑨ここから
    private void OnPlayerGoal()
    {
        gameManager.OnPlayerGoal.RemoveListener(OnPlayerGoal);
        Destroy(gameObject);
    }
    //⑨ここまで
}
```

実行して、プレイヤーがゴールした時に敵が消えることを確認しましょう。

4-5 敵との接触を考えよう

ここでは、敵と接触したときに "Game Over" という文字列を表示してゲームを停止します。

4-5-1 敵側の接触判定の作成

ここではプレイヤーと敵の接触判定を追加します。下記の手順で衝突判定できるようにしていきます。

1 プレイヤーと衝突判定用のゲームオブジェクトの追加

「Project」ウィンドウで"RobotEnemy"プレハブをダブルクリックしてプレハブ編集モードに入ります。プレイヤーと衝突判定用に[Create Empty]でゲームオブジェクトを追加して名前を"Trigger"にします。[Tag]を「Enemy」にします（図4.56）。

2 コライダーの追加

"Trigger"ゲームオブジェクトに"Capsule Collider"を追加し"Is Trigger"にチェックを入れます。"Edit Collider"ボタンをクリックしてサイズと位置を調整し、コリジョンより先に当たるように半径を大きくし、少し前の方に突き出すようにします（図4.56）。ここにプレイヤーが入ると接触したことにします。[Center] =(0, -0.2, 0.06), [Radius] ="0.23", [Height] ="1.6" ぐらいになります。また、Posiotion=(0, 1.2, 0)にします。

3 「Rigidbody」の追加

「Rigidbody」を追加し"IsKinematic"にチェックを入れ物理挙動の影響を受けないようにします。重力は受けないように"Use Gravity"のチェックは外します。また"Freeze Rotation"の"X"と"Z"にチェックを入れてY軸以外は回転しないようにします（図4.56）。

4-5 敵との接触を考えよう

図4.56 "RobotEnemy"にプレイヤーと衝突判定用トリガーを追加

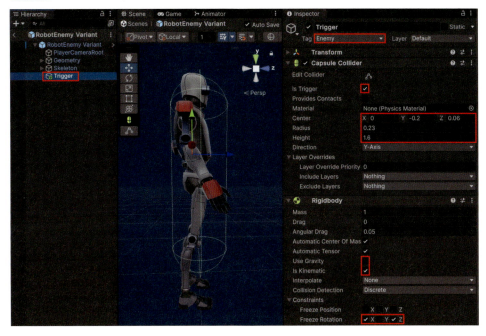

「Hierarchy」ウィンドウの左上の「<」ボタンをクリックしてプレハブ編集モードを抜け、シーンに戻ってください。

4-5-2 プレイヤー側の接触判定の作成

敵と接触したことを判別するためのコードをプレイヤーに追加します。

1 スクリプトの作成

"Assets/Scripts/Player.cs"スクリプトを作成して、**リスト4.11**のコードを入力し、"PlayerArmature"ゲームオブジェクトに追加してください。ここでは敵と接触したときにOnTriggerEnter()関数が呼ばれるかどうかを確認するログを出力するコードを追加しているだけです。

リスト4.11 Player.cs

```
using UnityEngine;

public class Player : MonoBehaviour
{
    private void OnTriggerEnter(Collider other)
    {
        if (other.gameObject.tag == "Enemy")
```

155

```
        {
            Debug.Log(other.gameObject.name);
        }
    }
}
```

2 動作確認

実行して、敵に接触するとConsoleウィンドウに接触相手の名前が表示されます（図4.57）。これで敵に接触していることは分かりました。

図4.57 Consoleウィンドウ

4-5-3 ゲームオーバー時のプレイヤーと敵の挙動

プレイヤーが敵と接触した後は操作ができないようにします。また敵の動きも止めます。

1 プレイヤーの操作の無効化

リスト4.11で追加したOnTriggerEnter関数にある接触の確認コードは行頭にダブルスラッシュを入力してコメントアウトし、**リスト4.12**①、②の箇所を入力します。ここではThirdPersonControllerを無効にし、アニメの速度も0にしています。

リスト4.12 "Player.cs" プレイヤーの操作の無効化

```
using UnityEngine;

public class Player : MonoBehaviour
{
    private void OnTriggerEnter(Collider other)
    {
        //①ここから
        //if (other.gameObject.tag == "Enemy")
        //{
        //    Debug.Log(other.gameObject.name);
        //}
        //①ここまで
        //②ここから
        StarterAssets.ThirdPersonController controller =
GetComponent<StarterAssets.ThirdPersonController>();
        if (controller.enabled && (other.gameObject.tag == "Enemy"))
        {
            controller.enabled = false;
            GetComponent<Animator>().SetFloat("Speed", 0f);
        }
```

```
        //②ここまで
    }
}
```

2 プレイヤーがやられたことを通知

敵も停止するようにするために、プレイヤーがやられたことを通知する処理を作成します。プレイヤーからゲームマネージャーの関数を呼び出してもらい、全ての敵に通知するようにします（**リスト4.13**）。OnPlayerDownイベントを追加し（⑨）、登録されている敵すべてにプレイヤーがやられたことを通知します（⑩）。

リスト4.13 プレイヤーがやられた場合のイベントの発行

```
(前略)
public class GameManager : MonoBehaviour
{
(中略)
    //⑦ここまで

    //⑨ここから
    [SerializeField]
    public UnityEvent OnPlayerDown = new UnityEvent();
    //⑨ここまで
(中略)
    public void RemoveItem(ItemGold itemGold)
    {
(中略)
    }
    //⑩ここから
    public void PlayerDown()
    {
        OnPlayerDown.Invoke();
    }
    //⑩ここまで
}
```

3 敵の停止

次に敵がOnPlayerDownイベントを受けとって停止するようにします（**リスト4.14**）。まず呼び出される関数OnPlayerDown()を追加します（⑩）。この関数ではナビの停止とアニメの停止を行っています。この関数が呼び出されるようにGameManagerのOnPlayerDownイベントに登録します（⑪）。Update()関数でナビメッシュエージェントが停止している場合にターゲット座標をセットしないようにします（⑫）。

Chapter 4　鬼ごっこゲームを作ろう

リスト4.14　プレイヤーがやられた場合に敵は停止する

```
(前略)
public class Enemy : MonoBehaviour
{
(中略)
    void Awake()
    {
(中略)
        //⑧ここまで
        //⑪
        gameManager.OnPlayerDown.AddListener(OnPlayerDown);
    }
(中略)
    void Update()
    {
        //⑫ここから
        if (navMeshAgent.isStopped)
        {
            //ナビが停止している場合目的地設定を行わない
            return;
        }
        //⑫ここまで
(中略)
    }
(中略)
    //⑨ここまで
    //⑩ここから
    private void OnPlayerDown()
    {
        navMeshAgent.isStopped = true;          //ナビを停止
        navMeshAgent.velocity = Vector3.zero;   //速度を0にする
        animator.SetFloat(animIDSpeed, 0f);     //停止アニメにする
    }
    //⑩ここまで
}
```

4　プレイヤーからゲームマネージャーの関数を呼ぶ

最後にプレイヤーがやられた場合にゲームマネージャーの関数を呼びます。**リスト4.15** ③の箇所でゲームマネージャーのPlayerDown()関数を呼び出しています。

リスト4.15　プレイヤーがやられた場合にゲームマネージャーに通知する

```
(前略)
public class Player : MonoBehaviour
{
    private void OnTriggerEnter(Collider other)
    {
(中略)
```

158

```
        if (controller.enabled && (other.gameObject.tag == "Enemy"))
        {
            controller.enabled = false;
            GetComponent<Animator>().SetFloat("Speed", 0f);
            //③ここから
            GameManager gameManager = GameObject.FindGameObjectWithTag("Game
Manager").GetComponent<GameManager>();
            gameManager.PlayerDown();//プレイヤーがやられたことを通知します。
            //③ここまで
        }
(中略)
    }
}
```

　実行して、プレイヤーが敵と接触したら操作できなくなり、敵の動きも停止することを確認
しましょう。

4-5-4 "GAME OVER"の表示

　プレイヤーが敵と接触した場合、画面上に"GAME OVER"と表示しましょう。

1 "GAME OVER"の表示

リスト4.16⑪で"GAME OVER"のテキストのゲームオブジェクトの参照"gameOverText"を
定義します。Start()関数で最初は非表示します（⑫）。プレイヤーが敵と接触した場合に表示
します（⑬）。

リスト4.16　"GAME OVER"の表示

```
(前略)
public class GameManager : MonoBehaviour
{
(中略)
    GameObject goalText;

    //⑪ここから
    [SerializeField]
    //"Game Over"の参照です。
    private GameObject gameOverText;
    //⑪ここまで
(中略)
    private void Start()
    {
(中略)
        goalText.SetActive(false);
        //⑫"Game Over"を非表示にします。
        gameOverText.SetActive(false);
```

```
    }
(中略)
    public void PlayerDown()
    {
        OnPlayerDown.Invoke();
        //⑬"Game Over"を表示にします。
        gameOverText.SetActive(true);
    }
    //⑩ここまで
}
```

2 "GAME OVER"テキストの作成

「Hierarchy」ウィンドウの"GOAL"のテキストのゲームオブジェクト"Text_GOAL"を右クリックし、メニューから[Duplicate]を選んで複製します。名前を"Text_GAME_OVER"にします。また、「Inspector」ウィンドウでテキスト内容を"GAME OVER"に変更します（図4.58）。サイズは適宜変更してください。

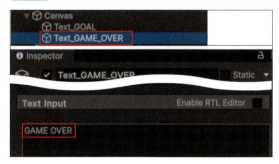

図4.58 "Text_GAME_OVER"の作成

3 "GAME OVER"ゲームオブジェクトの参照設定

"GameManager"ゲームオブジェクトの「Inspector」ウィンドウで[Game Over Text]に"Text_GAME_OVER"ゲームオブジェクトをセットします（図4.59）。

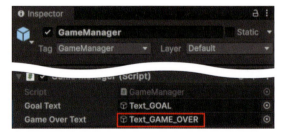

図4.59 "Text_GAME_OVER"の設定

4 動作確認

実行して敵にぶつかると"GAME OVER"と表示されることを確認しましょう（図4.60）。

図4.60 "GAME OVER"の表示

4-6 アセットを活用しよう

Unity アセットストアからアセットを追加して、背景を装飾しましょう。

4-6-1 「Adventure Game Environment Pack ¦ URP」アセットの入手

2-8で行ったのと同じ手順でアセットストアから「Adventure Game Environment Pack ¦ URP」をマイアセットに追加して、Unityでパッケージマネージャーからダウンロードとインポートを行ってください (図4.61)。

図4.61 「Adventure Game Environment Pack」をマイアセットに追加

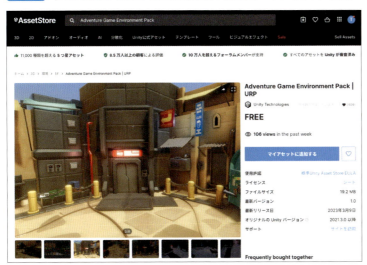

4-6-2 背景アセットの追加

"Assets/UnityTechnologies/AdventureGameEnvironment/Prefabs"にフォルダ分けされて多くのプレハブが用意されています。例えば"Machines and Tech/MachineSlerpSingle.prefab"は自販機のプレハブです。シーンにドロップして配置してみましょう。配置した状態

ではコリジョンがセットされていません。次の手順でコリジョンをセットしましょう。

「Hierarchy」ウィンドウで配置した"MachineSlerpSingle"の左にある右向きの三角をクリックして子を表示します。子の"VendingMachine003"を選択します。「Inspector」ウィンドウで [Add Component] ボタンをクリックして「Mesh Collider」を追加します（図4.62）。これでコリジョンが設定されます。他に配置してコリジョンが必要なものは同じ手順で設定します。

図4.62　"VendingMachine003"に「Mesh Collider」を追加

「Hierarchy」ウィンドウで"Environment/Greybox/Primitives/Ground_Mesh"を選択し、「Project」ウィンドウから"Assets/UnityTechnologies/AdventureGameEnvironment/Materials/WallTileStone.mat"を「Inspector」ウィンドウの [Add Component] 辺りにドロップすると床のテクスチャを変更できます。壁なども同様の手順で変更できるのでチャレンジしてみてください。

配置が終わったら敵が設置物を避けるように、「Hierarchy」ウィンドウで"Nav Mesh Surface Settings"を選択し、「Inspector」ウィンドウで [Bake] ボタンをクリックして、ナビメッシュをベイクしておきましょう。

図4.63は色々なプレハブを配置して、床などのマテリアルを変更した一例です。

図4.63　色々な配置物を追加

二人対戦ゲームを作ろう

入力システム「Input System」を使用して、二人別々の操作でプレイヤーを操作し、1画面で対戦するシューティングゲームを作成してみましょう。

5-1 プロジェクトを作成しよう

この章では、「Input System」で用意されている機能を使って1つの画面で二人で撃ち合うゲームを作成していきます。このサンプルゲームの動作を確認するには、異なる入力デバイスが2つ以上必要になります。例えば、キーボードとゲームコントローラーが必要になります。ここでは、Xboxのゲームコントローラーを使うものとします。

5-1-1 新規プロジェクトの作成

UnityHubの[プロジェクト]から[新しいプロジェクト]ボタンを押して、新規プロジェクトの作成画面を表示します。テンプレートは「Universal 2D」を選択して、プロジェクト名を"VSGame"に設定し保存場所を決めます。[Unity Cloudに接続]のチェックは外します。[プロジェクトの作成]ボタンをクリックします(図5.1)。起動したら、Gameビューの画面解像度はFull HD (1920x1080)にしてください。

図5.1 「VSGame」のプロジェクトの作成

AppleシリコンのMacの場合、下部に黄色い文字で "The Progressive CPU lightmapper is not supported on Apple silicon, switching to the Progressive GPU lightmapper." と表示される場合があります。この修正方法は、メニューから[Window] → [Rendering] → [Lighting]でライト設定のウィンドウを開きます。[Lightmapping Setting]の[Lightmapper]を"Progressive GPU"に変更します。

Consoleウィンドウに、"The project currently uses the compatibility mode where the Render Graph API is disabled."というような警告が表示された場合、メニューの[Edit] → [Projects Settings]から「Project Settings」ウィンドウを開き、[Graphics] → [Render Graph]の[Compatibility Mode(Render Graph Disabled)]のチェックを外すと警告は消えます。

5-2 プレイヤーを作成しよう

ここでは、アセットストアからアセットをインポートしてプレイヤーとなる宇宙船を作成していきます。キーボードやゲームコントローラーで操作できるように入力設定を作成します。また、衝突判定の設定を行い画面外に出ないようにします。そして、二人で別々の宇宙船を操作できるようにマルチプレイヤーの設定を行います。

5-2-1 入力設定の作成

プレイヤーを操作するための入力設定を作成していきましょう。

1 入力設定ファイルの作成

「Project」ウィンドウのプラスボタンをクリックして「Input Actions」を選択します。作成されたファイルの名前を"PlayerControlSettings"にします。ダブルクリックしてアクション設定画面を開きます（図5.2）。

図5.2 アクションマップ作成

2 アクションマップの作成

最初にアクションマップを作成します。[Action Maps]のプラスボタンを押して新規アクションマップを作成します。アクションマップ名は"GamePlay"にします（図5.2）。

3 アクションの入力設定

デフォルトで追加された"New action"の名前を"move"に変えます。"move"の[Action Properties]の設定は[Action Type]＝"Value"、[Control Type]＝"Vector 2"にします（図5.2）。[<No Binding>]を選択して、Pathをクリックし[Gamepad] → [Left Stick]を選択します（図5.3）。

図5.3 Gamepadの設定

Chapter 5 二人対戦ゲームを作ろう

4 キーボード操作の設定

"move"の右のプラスボタンをクリックして、[Add Up/Down/Left/Right Composite] を選択します。[2D Vector] が追加され開くと上下左右のキーをそれぞれ設定できるようになっています。[Up]、[Down]、[Left]、[Right] それぞれにキーボードのW、S、A、DのPathを設定します（図5.4）。[Save Asset] ボタンを押して保存します。

図5.4 キーボードの設定

5-2-2 アセットのインポート

キャラクター用の画像をUnityのアセットストアから入手しましょう。

1 アセットのダウンロード

アセットストアから「Unity Learn ¦ Playground ¦ URP」（図5.5）を検索して [Myアセットに追加する] ボタンをクリックします。ブラウザで表示されるダイアログから [Unityで開く] を選択します。Unityの「Packege Manager」が開くので [Download] します。

図5.5 Unityのアセットストアから「Unity Playground」をダウンロード

2 アセットのインポート

「Package Manager」で [Import] ボタンをクリックします（図5.6）。

図5.6 「Unity Playground」をインポートする

"プロジェクト設定が上書きされます"という英語の内容の「Warning」ダイアログ（図5.7）が表示されるので、[Import] ボタンをクリックします。

続けて、"このパッケージはパッケージマネージャーの依存関係があります"という英語の内容の「Warning」ダイアログが表示されるので、[Install/Upgrade]をクリックします（図5.8）。「Import Unity Package」ウィンドウが表示され、すべてのアセットにチェックが入っています。（図5.9）。[Next] ボタンをクリックします。

次に「Import Settings Overrides」で設定の上書きの選択画面になるので、"ProjectSettings"のチェックは外してください。[Import]ボタンをクリックします（図5.10）。設定の反映のため、Unityを一旦終了して再度起動してください。

図5.7 プロジェクト設定を上書きするという警告ダイアログ

図5.8 依存関係があります"という内容のWarningダイアログ

図5.9 インポートするアセットはそのまま

図5.10 設定ファイルは"ProjectSettings"を外す

5-2-3 プレイヤーのゲームオブジェクトの作成

インポートした画像を使って、プレイヤーの操作する宇宙船を作成していきます。

1 プレイヤーのゲームオブジェクト作成

"Assets/UnityTechnologies/Playground/Images/Spaceships/SpaceshipBlue.png" に青色の宇宙船の画像があるので、「Hierarchy」ウィンドウにドロップすると "SpaceshipBlue" という名前のゲームオブジェクトが作成されます。名前を "Spaceship" に変更しておいてください（図5.11）。

サイズが少し大きいので、「Inspector」ウィンドウの [Transform] の [Scale] の [X]，[Y]，[Z] 全てを "0.2" にします。

図5.11　Spaceshipゲームオブジェクトの作成

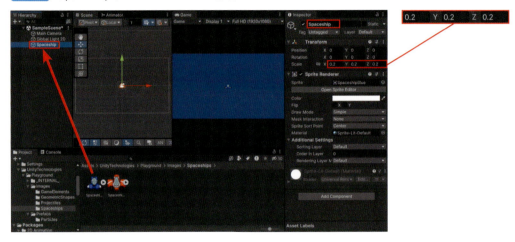

2 「Rigidbody 2D」の追加

衝突判定を行うので、"Spaceship" を選択し「Inspector」ウィンドウの [Add Component] ボタンをクリックして、表示されるウィンドウの検索ボックスに「Rigidbody 2D」と入力し、絞られた候補から「Rigidbody 2D」コンポーネントを追加します（3D用の「Rigidbody」を選択しないように注意してください）。

追加された「Rigidbody 2D」コンポーネントの [Gravity Scale] を "0" にして重力で落下しないようにします（図5.12）。[Gravity Scale] は重力加速度の倍率で、"1" の場合通常の重力がかかり、実行すると下へ落下していきます。[Angular Damping] を "10" にして、ぶつかったときに回転の慣性が働かないようにします。

図5.12　「Rigidbody 2D」コンポーネントの追加

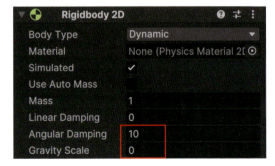

3 「Circle Collider 2D」の追加

衝突の範囲を設定するために、「Circle Collider 2D」コンポーネントも追加してください。円形のコリジョンでおおよそ宇宙船の内側になるように円の半径 [Radius] を調整します。ここでは"1.8"にしました (図5.13)。

図5.13　コリジョンの設定

4 "Player"レイヤーの設定

衝突判定用にレイヤーを設定します。「Inspector」ウィンドウの右上の [Layer] をクリックして [Add layer...] を選択し、[User Layer 6] に "Player" を入力します。
この後作成するゲームオブジェクト用に、予め [User Layer 7] に弾用の "Bullet"、[User Layer 8] にアイテム用の "Item"、[User Layer 9] にプレイヤーが画面外に出ないようにするコリジョン用の "Wall" も追加しておいてください (図5.14)。
「Hieirarchyウィンドウ」で"Spaceship"ゲームオブジェクトを選択し、「Inspector」ウィンドウで [Layer] を "Player" に変更してください (図5.15)。

図5.14　Layerの追加　　　　　図5.15　SpaceShipにLayerの設定

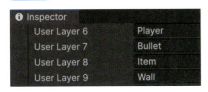

5 レイヤー間の衝突判定の設定

レイヤー間の衝突判定を設定していきます。メニューから「Edit」→ [Project Settings] を選択し、開いた「Project Settings」ウィンドウで左の項目から [Physics 2D] を選択し、右に表示されているタブの [Layer Collision Matrix] を選択します。レイヤーの交差している箇所にチェックが入っている場合衝突判定を行います。壁 (Wall) 同士、弾 (Bullet) 同士、アイテム (Item) 同士、壁と弾とアイテムは衝突判定を行わないよう、チェックを外します (図5.16)。

図5.16 レイヤー間の衝突判定の設定

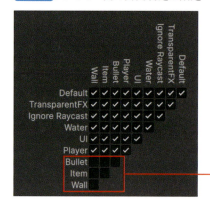

6 「Player Input」の追加

キャラクターを操作するための入力にアクションアセットを使うので、「Inspector」ウィンドウの下部の[Add Component]をクリックして、"Player Input"コンポーネントも追加します。[Actions]に「Project」ウィンドウから"PlayerControlSettings"をドロップしてセットします。[Camera]には、「Hierarchy」ウィンドウから"Main Camera"をドロップしてセットします（図5.17）。

図5.17 "SpaceShip"に"Player Input"コンポーネントの追加

5-2-4 プレイヤーのスクリプトの作成

宇宙船を操作するスクリプトを下記手順で作成していきます。

1 "Scripts"フォルダの作成

「Project」ウィンドウで"Assets"を右クリックして表示されるメニューから[Create]→[Folder]でフォルダを作成し、名前を"Scripts"に変更します（図5.18）。

2 "PlayerController.cs"の作成

作成したフォルダを右クリックで表示されるメニューから[Create]→[Mono Behaviour Script]を選択し、作成されたファイルの名前を"PlayerController"にします（図5.18）。

図5.18 "PlayerController.cs"の作成

170

3 スクリプトの入力

"PlayerController"のスクリプトアイコンをダブルクリックすると「Visual Studio」が起動して、ファイルを編集できるようになります。開いたC#スクリプトファイルを、**リスト5.1**の内容に書き換えてください。

リスト5.1 PlayerController.cs スクリプト

```
using UnityEngine;
using UnityEngine.InputSystem;// InputValueを使うために必要

public class PlayerController : MonoBehaviour
{
    // 移動速度
    [SerializeField]
    private float moveSpeed = 4.0f;
    // 入力のあった移動ベクトル
    private Vector2 moveAmount;
    // 移動のために追加したRigidbody2Dコンポーネントへの参照
    private Rigidbody2D rigidbody2d;
    // 最初に一度呼び出されます
    private void Awake()
    {
        rigidbody2d = GetComponent<Rigidbody2D>();
    }
    // 入力に変化があったときに呼び出されます
    // Player Inputコンポーネントから、"On"+"アクション名"(先頭大文字)の名前の関数
    が呼ばれる決まりです
    void OnMove(InputValue value)
    {
        moveAmount = value.Get<Vector2>();
    }
    // 一定間隔で呼び出されるので、rigidbody2dでの移動を行います
    void FixedUpdate()
    {
        // 現在の座標
        Vector2 currentPosition = rigidbody2d.position;
        // 入力されたベクトルから移動量を求める
        // Time.fixedDeltaTimeは前回FixedUpdate()が呼ばれてからの経過時間
        Vector2 deltaPosition = moveAmount * moveSpeed * Time.fixedDeltaTime;
        // 現在の座標に移動量を加算して、新しい座標を計算します
        Vector2 newPosition = currentPosition + deltaPosition;
        // ゲームオブジェクトを新しい座標に移動します
        rigidbody2d.MovePosition(newPosition);
    }
}
```

4 スクリプトをゲームオブジェクトに追加

"Spaceship"にこのスクリプトを追加します。Unityエディターに戻って、「Hierarchy」ウィンドウで"Spaceship"を選択します。「Inspector」ウィンドウの一番下のある[Add Component]ボタンをクリックし、開いたウィンドウの検索Boxに"PlayerController"と入力して絞られた候補の中から"PlayerController"スクリプトを選択すると追加されます（**図5.19**）。

図5.19 "SpaceShip"に"PlayerController.cs"の追加

5 実行して操作の確認

この状態で実行すると、"Spaceship"をキーボードWASDとゲームパッドの左スティックで移動できるようになっています。「Inspector」ウィンドウで「PlayerController」の[Move Speed]を変更すると移動速度を変更できます（**図5.20**）。実行中でも変更可能ですが、実行を停止したら元の値に戻ります。停止中に変更するとその値が記憶されます。

図5.20 [Move Speed]の調整

6 "Spaceship"のプレハブ化

速度調整が終わったら、"Spaceship"ゲームオブジェクトをプレハブにしましょう。まずプレハブを格納するフォルダを作成します。「Project」ウィンドウの"Assets"フォルダを右クリックして、[Create]→[Folder]を選択します。フォルダ名を"Prefabs"に変更します。
「Hierarchy」ウィンドウの"Spaceship"を、作成した"Prefabs"フォルダにドロップします。これでプレハブ作成ができました（**図5.21**）。「Hierarchy」ウィンドウの"Spaceship"は不要なので削除しておきます。

図5.21 "Spaceship"プレハブの作成

5-2-5 スクリーン周囲に壁を配置

画面外にプレイヤーがはみ出ないように見えない壁を配置しておきます。

1 壁の作成

「Hierarchy」ウィンドウの左上のプラス [+] ボタンをクリックして [Create Empty] で空のゲームオブジェクトを作成します。名前を"Walls"にします。[Position]は(0, 0, 0)にしてください。"Walls"を右クリックしてメニューから [Create Empty] を選択すると、子のゲームオブジェクトを作成できます。4つ作成してそれぞれの名前を"LeftWall"、"RightWall"、"TopWall"、"BottomWall"として、各ゲームオブジェクトに「Box Collider 2D」コンポーネントを追加してください。
そのゲームオブジェクトの [Position] と「Box Collider 2D」の [Size] を調整して左右上下にコリジョンを配置します（表5.1）。また [Layer] は全て"Wall"にしてください（図5.22）。

表5.1　壁の設定

Game Object の名前	Position	Size
LeftWall	(-9.4, 0, 0)	(1, 12)
RightWall	(9.4, 0, 0)	(1, 12)
TopWall	(0, 5.5 0)	(20, 1)
BottomWall	(0, -5.5 0)	(20, 1)

図5.22　"Walls"の配置

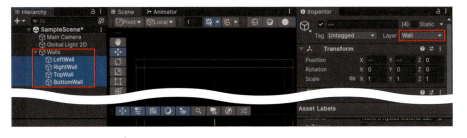

5-2-6 マルチプレイヤーの操作

「Input System」で用意されている、マルチプレイヤーのコントロールを行ってくれる「Player Input Manager」を使って、複数のプレイヤーが参加して操作する簡単なゲームを作成してみましょう。新しい入力デバイスを検出すると、上記で作成したプレハブを生成して、その入力デバイスで操作できるようにしてみます。

1 入力マネージャーの作成

「Hierarchy」ウィンドウの左上のプラス [+] ボタンをクリックして [Create Empty] を選択し、

空のゲームオブジェクトを作成して名前を"PlayerInputManager"にします。「Inspector」ウィンドウで [Add Component] ボタンをクリックし、[Input] → [Player Input Manager] を選択しコンポーネントを追加します。追加した「Player Input Manager」コンポーネントの [Join Behavior] が"Join Players When Button is Pressed"の場合、入力デバイスのボタンが何か押されたときに新しいプレイヤーが追加されるという挙動になります（図5.23）。

2 "Spaceship"プレハブの設定

先ほど作成した"Spaceship"プレハブを「Project」ウィンドウから「Player Input Manager」の [Player Prefab] にドロップします（図5.23）。このプレハブが新しいプレイヤーとして生成されます。

図5.23 "Player Input Manager"コンポーネントの設定

実行して確認してみましょう。キーボードの"WASD"のどれかを押すと、"Spaceship"が表示されます。そして、ゲームパッドのボタンを押すと、もうひとつ"Spaceship"が表示されます。また画面の端に行こうとすると先程作成した見えない壁にぶつかって進まなくなります。

5-2-7 プレイヤーの向きの設定

"Spaceship"を進んでいる方向に向けるようにしましょう。"PlayerController.cs"にリスト5.2の①と②のコードを追加します。以下コードの解説をします。

リスト5.2 PlayerController.cs（プレイヤーの向きの設定）

```
（前略）
public class PlayerController : MonoBehaviour
{
    // 移動速度
```

```
    [SerializeField]
    private float moveSpeed = 4.0f;
    //①ここから
    // 回転速度
    [SerializeField]
    private float rotationSpeed = 4.0f;
    //①ここまで
(中略)
    void FixedUpdate()
    {
(中略)
        rigidbody2d.MovePosition(newPosition);
        //②ここから
        //移動量が微小のときは誤差が出るので向きを変えません
        if (moveAmount.sqrMagnitude >= 0.001f)  //(ⓐ)
        {
            // アークタンジェントは+Xの方向が0度になります
            // 宇宙船の画像が上向きなので0度のとき上を向くようにするため-90度してい
            ます
            float angleZ = Mathf.Atan2(deltaPosition.y, deltaPosition.x) *
            Mathf.Rad2Deg - 90f;  //(ⓑ)
            // オイラー角でクォータニオンを計算します
            Quaternion targetRotation = Quaternion.Euler(0, 0, angleZ);//(ⓒ)
            // 新しい角度を設定します
            transform.rotation = Quaternion.Lerp(transform.rotation,
            targetRotation, rotationSpeed * Time.deltaTime);//(ⓓ)
        }
        //②ここまで
    }
}
```

以下コードの解説をします。

リスト5.2 ①で回転速度を保持するフィールド "rotationSpeed" を定義しています。

②で "Spaceship" を進行方向に向けています。

移動量が小さいときは向きを変えないようにしています(ⓐ)。moveAmount.sqrMagnitude は移動量の2乗の値になります。2乗になっているのは、三平方の定理よりXとYの移動量から距離を求める場合、平方根の計算が必要になります。平方根の計算は処理負荷が高いため、平方根を使う前の2乗の値で距離の比較を行うようにしています。

"Spaceship" を向ける角度はX,Y座標の移動量からMathf.Atan2()でアークタンジェントを使い求めています。また、結果のアークタンジェントはラジアンなので、度に変換するためMathf.Rad2Degを掛けています

なお、Unityで回転角度を設定するにはクォータニオンが必要なため、Quaternion.Euler()で求めています (ⓑ)。現在の角度から求めた角度への変更は、Quaternion.Lerp()を使用して滑らかに変化させるようにしています (ⓓ)。

5-3 弾を発射しよう

"Spaceship"の操作ができるようになったので、次に弾を発射できるようにしてみます。弾のプレハブを作成して、発射の入力設定を作成します。発射ボタンが押されたら、"Spaceship"から弾を発射するようにします。発射された相手の弾に当たったら、"Spaceship"はエフェクトを再生して爆発するように見せます。

5-3-1 弾のプレハブの作成

"Spaceship"が発射する弾を作成していきます。

1 弾のゲームオブジェクトの作成

"Assets/UnityTechnologies/Playground/Images/Projectiles/Bullet.png"を「Hierarchy」ウィンドウにドロップします。"Bullet"ゲームオブジェクトが作成されます(図5.24)。

図5.24 "Bullet"ゲームオブジェクトの作成

2 弾のスクリプトの作成

弾のスクリプトを"Assets/Scripts/Bullet.cs"ファイルで作成してください。作成した"Bullet.cs"を「Hierarchy」ウィンドウの"Bullet"ゲームオブジェクトに追加してください(図5.25)。

図5.25 "Bullet"ゲームオブジェクトにスクリプトの追加

3 "Rigid Body 2D"コンポーネントの追加

「Rigidbody 2D」コンポーネントを追加してください。[Gravity Scale]は"0"にして重力の影響を受けないようにします(図5.26)。

図5.26 「Rigidbody 2D」コンポーネントの設定

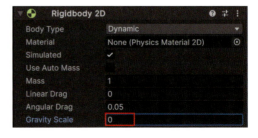

4 "Capsule Collider 2D"の追加

「Capsule Collider 2D」を追加します。[Size]は"X=0.12","Y=0.2"にしました。"Is Trigger"のチェックを入れて衝突の検出のみを行い、弾がプレイヤーなどに衝突しても物理的に押し出したりしないようにします(図5.27)。

図5.27 「Capsule Collider 2D」の設定

5 [Layer]を"Bullet"に設定

「Inspector」ウィンドウで"Layer"を"Bullet"に変更してください。ここまでのBulletの「Inspector」ウィンドウの状態は図5.28のようになります。

図5.28 Bullet.cs

6 スクリプトの入力

"Bullet.cs"のコードを入力します(**リスト5.3**)。以下コードの解説です。
Move()関数は、弾を発射するときにPlayerControllerから弾の移動ベクトルとプレイヤーの番号を引数で受け取ります。
また、Update()関数でスクリーン座標を毎フレーム調べて、スクリーン画面からはみ出したときにDestoy()関数で破棄するようにしています。Camera.main.WorldToScreenPoint()関数で弾のワールド座標をスクリーン座標に変換し、変換後の座標がマイナスの場合と、Screenクラスの画面サイズより大きい場合は画面からはみ出したと判断してしています。

リスト5.3 Bullet.cs

```
using UnityEngine;

public class Bullet : MonoBehaviour
{
    // Rigidbody2Dコンポーネントへの参照
    private Rigidbody2D rigidbody2d;

    // どのプレイヤーの弾か？
    public int playerIndex { get; set; }

    private void Awake()
    {
        rigidbody2d = GetComponent<Rigidbody2D>();
    }
    public void Move(Vector2 velocity, int playerIndex)
    {
        // 移動速度をセットします
        rigidbody2d.linearVelocity = velocity;
        // 誰の弾かを識別するための番号です
```

Chapter 5　二人対戦ゲームを作ろう

```
        this.playerIndex = playerIndex;
    }
    private void Update()
    {
        // 画面外に出たら破棄します
        Vector3 screenPosition = Camera.main.WorldToScreenPoint(transform.
        position);
        if (screenPosition.x < 0f || screenPosition.x > Screen.width
            || screenPosition.y < 0f || screenPosition.y > Screen.height)
        {
            Destroy(gameObject);
        }
    }
}
```

7　"Bullet"のプレハブ化

「Hierarchy」ウィンドウの"Bullet"を、「Project」ウィンドウの"Assets/Prefabs"にドロップしてプレハブ化します。「Hierarchy」ウィンドウの"Bullet"は削除します。

5-3-2　弾の発射の入力設定

　作成した弾を宇宙船から発射するコードを作成します。右ボタン(Xボタン)とスペースキーで弾を打つように入力の設定を行っていきます。

1　入力設定を開く

"Assets/PlayerControlSettings.inputactions"をダブルクリックして開きます。

2　"fire"アクションの作成

[Actions]の右のプラスボタンをクリックし、追加された"New Action"となっている所を"fire"に変更します。[Action Properties] → [Action]の[Action Type]は"Button"になっているのを確認します(**図5.29**)。

3　"fire"アクションにコントローラーのXボタンの割り当て

"fire"の左の三角をクリックしてを開き[<No Binding>]をクリックします。[Binding Properties] → [Binding] → [Path]をクリックして、[Gamepad] → [Button West]を選択しゲームパッドの左ボタン(XboxコントローラーのXボタン)を割り当てます(**図5.29**)。

4 "fire"アクションにスペースキーの割り当て

"fire"の右のプラス [+] ボタンをクリックして [Add Binding] を選択します。追加された [<No Binding>] をクリックし、[Path] は [Keyboard] → [By Location of Key(Using US Layout)] → [Space] を選択します（**図5.29**）。
右上の [Save Asset] ボタンをクリックして保存します。

図5.29 "fire"アクションの入力設定

5-3-3 弾の発射のスクリプトの作成

プレイヤーが弾を撃つコードを追加します。

1 コードの追加

PlayerController.cs に **リスト5.4** の③〜⑤のコードを追加します。以下コードの解説です。
弾の移動速度 "bulletSpeed" と、弾のプレハブの参照をセットする "bulletPrefab" フィールドを追加しています。また自分自身のプレイヤー番号を保持する "playerIndex" フィールドも追加しています（③）。
"playerIndex" にプレイヤー番号をセットしています。誰が発射した弾かを識別するために使います（④）。
入力設定でアクション "fire" を追加したので、アクションが発生したときに OnFire() 関数が呼び出されます。フィールド "bulletPrefab" に設定されているプレハブをプレイヤーの座標と向きを指定して Instantiate() 関数で生成しています。そして "Bullet" クラスの Move 関数を呼び出し、移動ベクトルとプレイヤー番号を渡しています（⑤）。

リスト5.4 PlayerController.cs（プレイヤーが弾を撃つ設定）

```
(前略)
public class PlayerController : MonoBehaviour
{
(中略)
    private Rigidbody2D rigidbody2d;

    //③ここから
    // 弾の速度
    [SerializeField]
    private float bulletSpeed = 8.0f;
    // 弾のプレハブ
    [SerializeField]
    private Bullet bulletPrefab;
    // プレイヤー番号
    private int playerIndex;
```

```csharp
    //③ここまで

    // 最初に一度呼び出されます
    private void Awake()
    {
        rigidbody2d = GetComponent<Rigidbody2D>();
        //④
        playerIndex = GetComponent<PlayerInput>().playerIndex;
    }
    // 入力に変化があったときに呼び出されます
    // Player Inputコンポーネントから、"On"+"アクション名"(先頭大文字)の名前の関数
    が呼ばれる決まりです
    void OnMove(InputValue value)
    {
        moveAmount = value.Get<Vector2>();
    }
    //⑤ここから
    // fireボタンを押したときに呼び出されます
    void OnFire()
    {
        Bullet bullet = Instantiate<Bullet>(bulletPrefab, transform.position,
        transform.rotation);
        bullet.Move(transform.up * bulletSpeed, playerIndex);
    }
    //⑤ここまで
(中略)
}
```

2 弾のプレハブをセット

宇宙船に発射する弾のプレハブをセットするために、「Project」ウィンドウで"Spaceship.prefab"をダブルクリックしてプレハブ編集モードで開きます。「Inspector」ウィンドウで「Player Controller」の [Bullet Prefab] に「Project」ウィンドウから"Bullet.prefab"をドロップしてセットします(**図5.30**)。

図5.30 "Bullet"プレハブをセット

5-3　弾を発射しよう

　実行して確認しましょう。ゲームパッドのXボタン、またはキーボードのスペースキーで弾を撃つようになったと思います。

5-3-4　弾との接触判定

　弾が撃てるようになったので、相手の発射した弾に当たったら爆発するようにしてみます。爆発のパーティクルアニメーションはアセットに含まれているものを使います。

1　コードの追加

リスト5.5の⑥、⑦のコードを追加します。以下コードの解説です。
爆発のプレハブを「Inspector」ウィンドウでセットできるように、"explosionPrefab"フィールドを追加します（⑥）。
プレイヤーと弾が衝突した場合、OnTriggerEnter2D()関数が呼び出されます。衝突したゲームオブジェクトが"Bullet"クラスで、playerIndexが自分と異なる場合に、相手の弾に当たったと判定しています。Instantiate()で爆発のプレハブを生成して、自分自身はDestroy(gameObject)で破棄します（⑦）。

リスト5.5　プレイヤーと弾の衝突判定

```
(前略)
public class PlayerController : MonoBehaviour
{
(中略)
    private int playerIndex;
    //③ここまで

    //⑥ここから
    //爆発のプレハブ
    [SerializeField]
    private GameObject explosionPrefab;
    //⑥ここまで
(中略)
    void FixedUpdated()
    {
(中略)
    }
    //⑦ここから
    //衝突した場合に呼び出されます
    private void OnTriggerEnter2D(Collider2D collision)
    {
        Bullet bullet = collision.gameObject.GetComponent<Bullet>();
        // 衝突相手がBulletで、自分の弾でない場合は爆発する
        if (bullet != null && bullet.playerIndex != playerIndex)
        {
            // 爆発のプレハブを生成します
```

181

```
            Instantiate<GameObject>(explosionPrefab, transform.position,
            Quaternion.identity);
            //自分は破棄する
            Destroy(gameObject);
        }
    }
    //⑦ここまで
}
```

2 爆発用のプレハブをセット

「Project」ウィンドウで"Spaceship.prefab"をダブルクリックしてプレハブ編集モードで開きます。「Inspector」ウィンドウで「Player Controller」の [Explosion Prefab] に「Project」ウィンドウから"Assets/UnityTechnologies/Playground/Prefabs/Particles/P_Explosion.prefab"をドロップしてセットします（図5.31）。

図5.31　"P_Explosion"プレハブをセット

3 動作確認

プレハブ編集モードを抜けて、実行して確認しましょう。1Pと2Pを出現させて、相手を撃ちます。そうすると爆発して消えます（図5.32）。

図5.32　相手を撃つと爆発します

5-4 スコアを表示しよう

相手のプレイヤーに弾を当てると、得点（スコア）を得るようにしてみます。ここでは得点を文字で画面上に表示する仕組みを作成していきます。Unityでユーザーインターフェース(UI)を作成して文字を表示するには、「TextMeshPro」というコンポーネントを使います。

5-4-1 スコアの表示

「TextMeshPro」はプロジェクト毎に初回だけインポートが必要になります。次の手順でインポートします。インポートが終わると文字を表示することができるようになり、スコアを表示することができます。

1 「TextMeshPro」のインポート

「Hierarchy」ウィンドウのプラスボタンをクリックして、[UI]→[Text-TextMeshPro]を選択します。ダイアログ(**図5.33**)が表示されるので、[Import TMP Essentials]をクリックするとインポートが始まります(裏で表示されている場合があるので注意)。
インポートが終わった後に、サンプルをインストールできるようになり、下にある[Import TMP Examples & Extras]ボタンがクリックできるようになります。今回はインストールしなくてよいので、このウィンドウを[X]ボタンで閉じます。

図5.33 TextMeshProのインポート

2 スコア表示ゲームオブジェクトの配置

「Hierarchy」ウィンドウを見ると、"Canvas" > "Text (TMP)"の階層が生成されています。テキストやボタン等のUIは必ず"Canvas"の下に置く必要があります。"Text (TMP)"は文字列を表示することができます。ここにはプレイヤー1のスコアを表示しようと思うので、名前を"Text 1P Score"に変更してください（図5.34）。

図5.34 「Hierarchy」ウィンドウの"Text 1P Score"

3 スコア表示位置の調整

次にスコアの表示位置のレイアウトの設定を行います。UIは画面サイズが変わっても相対的な位置は変わらないようにする必要があります。そのための設定のひとつがアンカーです。アンカーは画面のどこを基準にUIを配置するかの指定ができます。プレイヤー1の得点の表示は画面の左下に配置しようと思うので、[Anchor Preset]を"Left"と"Bottom"にして左下にします（図5.35）。[PosX]="110",[PosY]="30"にします。この座標は左下を(0,0)とした相対座標になります。「TextMeshPro」コンポーネントにあるテキスト入力エリアが"New Text"となっているので、この文字列を"Score 0"に変更して最初の得点を0と表示します。

図5.35 "Text 1P Score"のレイアウト設定

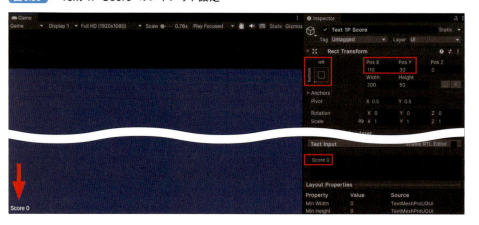

4 プレイヤー2の得点表示

プレイヤー2の得点表示も追加します。"Canvas"を右クリックして、[UI]→[Text]→[TextMeshPro]を選択します。名前を"Text 2P Score"に変更してください。プレイヤー2の得点は画面右下に表示しようと思うので、[Anchor Preset]を"right"と"bottom"のして右下にします。[PosX]="-110",[PosY]="30"にします。この座標は画面右下からの相対座標です。"New Text"になっている文字列を"Score 0"に変更してください。この文字列は右寄せにしたいので、[Alignment]を"right"にして右寄せにします（図5.36）。

図5.36 "Text 2P Score"のレイアウト設定

5 得点表示の管理

得点表示を管理するクラスを作成していきます。C#スクリプトファイル"Assets/Scripts/HudManager.cs"を作成してください。**リスト5.6**のコードを入力します。このクラスは、各プレイヤーの得点を保持していて、指定されたプレイヤーの得点をプラス1して画面の表示を更新する関数AddScoreText()があります。

リスト5.6 HudManager.cs

```csharp
using System.Collections.Generic;
using UnityEngine;
using TMPro;

public class HudManager : MonoBehaviour
{
    // "Text 1P Score"と"Text 2P Score"を順にセットしてください
    [SerializeField]
    List<TextMeshProUGUI> scoreTextList;
    // プレイヤー1と2の得点を保持しています
    List<int> score;

    private void Awake()
    {
        // 得点の配列を作成します。初期値は0になります。
        score = new List<int>(new int[scoreTextList.Count]);
    }

    // index番目プレイヤーの得点を1点加算して、表示します
    // index 0=Player1, 1=Player2
    public void AddScoreText(int index)
    {
        ++score[index];
        scoreTextList[index].text = $"Score {score[index]}";
    }
}
```

Chapter 5　二人対戦ゲームを作ろう

6　"HudManager"ゲームオブジェクトの作成

「Hierarchy」ウィンドウのプラスボタンメニューから「Create Empty」でゲームオブジェクトを作成して、名前を"HudManager"にします。そして作成したスクリプトの"HudManager.cs"を追加します（図5.37）。

図5.37　HudManager

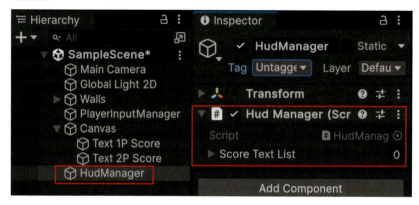

7　"HudManager"にタグの追加

作成した"HudManager"をプレイヤーから検索できるようにタグを設定します。「Inspector」ウィンドウの[Tag]をクリックしてメニューから[Add Tag]を選択します。「Tags&Layers」の設定ウィンドウが開くので、[Tags]の右下のプラス■ボタンをクリックして"New tag Name"に"HudManager"と入力し、[Save]ボタンをクリックします（図5.38）。

「Hierarchy」ウィンドウで再度"Hud Manager"をクリックして、「Inspector」ウィンドウで"Tag"を"HudManager"に変更します（図5.39）。

図5.38　[Tags]に"HudManager"の追加

図5.39　Tagを"HudManager"にする

8　"HudManager"にテキストの参照を設定

「HudManager」コンポーネントの[Score Text List]には、ゲームオブジェクトの"Text 1P Score"と"Text 2P Score"をセットする必要があります。そのために"Score Text List"の[+]ボタンを2回クリックして、"Element 0"と"Element 1"を追加します。"Element 0"と

"Element 1"にそれぞれ、「Hierarchy」ウィンドウから"Text 1P Score"と"Text 2P Score"をドロップして設定します（図5.40）。

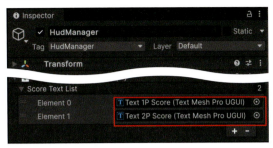

図5.40　ScoreTextListに設定

9 プレイヤーの人数制限

二人分の得点表示のみを作成したので、プレイヤーの最大人数を二人に制限します。「PlayerInputManager」の［Limit Number of Players］にチェックを入れ、［Max Player Count］を2にします（図5.41）。

図5.41　プレイヤーの最大人数を二人に設定

10 得点加算のコードの追加

"PlayerController.cs"に得点加算のコードを追加します（リスト5.7）。OnTriggerEnter2D()関数の中に、⑧のコードを追加します。宇宙船が相手の弾と衝突したときに、タグで検索した"HudManager"のAddScoreText()関数を呼び出して、相手側の得点を加算します。

実行して弾を撃って相手を爆発させると、自分に得点が加算されるのを確認しましょう。

リスト5.7　PlayerController.cs（得点加算）

```
（前略）
    private void OnTriggerEnter2D(Collider2D collision)
    {
        Bullet bullet = collision.gameObject.GetComponent<Bullet>();
        // 衝突相手がBulletで、自分の弾でない場合は爆発する
        if (bullet != null && bullet.playerIndex != playerIndex)
        {
            //⑧ここから
            HudManager hudManager = GameObject.FindGameObjectWithTag("HudMan
            ager").GetComponent<HudManager>();
            hudManager.AddScoreText(bullet.playerIndex);
            //⑧ここまで
（中略）
        }
    }
（後略）
```

Chapter 5　二人対戦ゲームを作ろう

5-5　プレイヤーを向かい合わせよう

現在ゲーム開始時に、Spaceshipの出現場所は画面中央で上向きになっています。これを、プレイヤー1は画面左側、プレイヤー2は画面右側に出現するようにします。この座標を決めるのに、スクリーン座標上の相対的な位置からワールド座標への変換を行なってみましょう。そしてプレイヤー同士が向かい合うように回転してみます。

5-5-1　スクリーン座標とワールド座標

　Unityでの映像の表示は、ワールド空間にカメラをおいて、カメラに写った映像をディスプレイモニターに写すというイメージです。ゲームオブジェクトは座標計算の上では3D空間にありますが、私達が最終的に見る映像は2次元になります。つまり3Dの座標を計算によって2Dの座標に変換しているのです。最終的に表示される2次元のディスプレイモニターの画素数と1:1に対応している座標系をスクリーン座標と呼びます（**図5.42**）。

図5.42　スクリーン座標とワールド座標

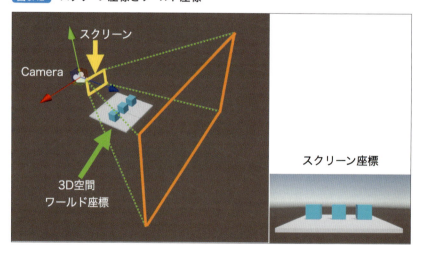

　スクリーン座標の座標系は左下を原点(0,0)として、X座標は右がプラス、Y座標は上がプラスになります。FullHDの画面では横幅が1920ドット、縦が1080ドットとなるので、座標は0始まりで左下(0,0)-右上(1919, 1079)になります。4Kの場合は横幅が3840ドット、縦が2160ドットとなるので、座標は0始まりで左下(0,0)-右上(3839, 2159)になります。

5-5-2 プレイヤーの出現座標と回転角の設定

"PlayerController.cs"のAwake()関数に**リスト5.8**の⑨のコードを追加します。"playerIndex"の値で分岐してX座標をプレイヤー1の場合は画面左側1/4に、プレイヤー2の場合は画面右側1/4になるようにしています。Y座標は中央です。Camera.main.ScreenToWorldPoint()関数でスクリーン座標からワールド座標に変換しています。そして各プレイヤーが中心を向くように回転角も設定しています。

リスト5.8 "PlayerController.cs"プレイヤーの出現時の座標と向き

```
（前略）
    private void Awake()
    {
        rigidbody2d = GetComponent<Rigidbody2D>();
        //④
        playerIndex = GetComponent<PlayerInput>().playerIndex;// ②

        //⑨ここから
        // デフォルト座標はスクリーン座標の中心にします
        Vector3 worldPosition = Camera.main.ScreenToWorldPoint(new Vector3
        (Screen.width / 2f, Screen.height / 2f, 1f));
        float angleZ = 0f;
        switch (playerIndex)
        {
            case 0:
                //プレイヤー1のX座標は画面左側1/4
                worldPosition = Camera.main.ScreenToWorldPoint(new Vector3
                (Screen.width / 4f, Screen.height / 2f, 1f));
                //画像が上向き0度なので、右向きは-90度
                angleZ = -90f;
                break;
            case 1:
                //プレイヤー2のX座標は画面右側1 / 4
                worldPosition = Camera.main.ScreenToWorldPoint(new Vector3
                (Screen.width - Screen.width / 4f, Screen.height / 2f, 1f));
                //画像が上向き0度なので、左向きは+90度
                angleZ = 90f;
                break;
        }
        transform.position = worldPosition;
        transform.rotation = Quaternion.Euler(0, 0, angleZ);
        //⑨ここまで
    }
（後略）
```

実行してプレイヤー1は左側、プレイヤー2は右側から出現するのを確認しましょう。

5-6 弾の発射間隔を設けよう

現在弾は無制限に撃てて、連射できるようになっています。これではゲーム的に面白くないので、一定時間経過しないと次の弾が撃てないようにします。さらに連射ができないように2発目を打つとさらに長い時間次の弾を撃てないようにします。

5-6-1 連射の制限

"PlayerController.cs"に**リスト5.9**の⑩～⑬のコードを追加します。
以下コードの解説です。

リスト5.9⑩はList<float>を使うのに必要な処理になります。

"fireIntervals"に弾の発射間隔の秒数を入れています。1発目を撃った後0.04秒経過するまで次の弾は打てません。2発目を撃つと次の弾は1秒後まで撃てません。これを繰り返しています。"fireIntervalsIndex"は撃つ弾の番号になります（⑪）。

"fireIntervalTimer"にカウントする秒数を入れているので経過時間を引いています（⑫）。

"fireIntervalTimer"が0より大きい場合は弾を撃てないようにしています。"fireIntervalTimer"が"0"以下の場合は撃ってるようにして、次に打てるようになる時間を"fireIntervalTimer"にセットしています（⑬）。

リスト5.9 弾の発射間隔の制限

```
using System.Collections.Generic;//⑩
using UnityEngine;
using UnityEngine.InputSystem;// InputValueを使うために必要

public class PlayerController : MonoBehaviour
{
(中略)
    private GameObject explosionPrefab;
    //⑥ここまで

    //⑪ここから
    // 弾の発射間隔
    [SerializeField]
    private List<float> fireIntervals = new List<float> { 0.04f, 1f };
    // fireIntervalsのインデックス
```

5-6 弾の発射間隔を 設けよう

```csharp
    private int fireIntervalsIndex = 0;
    // 弾の発射間隔のタイマー
    private float fireIntervalTimer = 0f;
    //⑪ここまで
(中略)
    void OnMove(InputValue value)
    {
        moveAmount = value.Get<Vector2>();
    }
    //⑫ここから
    private void Update()
    {
        fireIntervalTimer -= Time.deltaTime;
    }
    //⑫ここまで
    //⑤ここから
    // fireボタンを押したときに呼び出されます
    void OnFire()
    {
        //⑬ここから
        if (fireIntervalTimer > 0f)
        {
            return;
        }
        fireIntervalTimer = fireIntervals[fireIntervalsIndex];
        if (++fireIntervalsIndex >= fireIntervals.Count)
        {
            fireIntervalsIndex = 0;
        }
        //⑬ここまで
(中略)
    }
(中略)
}
```

コラム ## Update関数について

Update関数はUnityから定期的に呼び出されます。ゲームの処理負荷が上がると、呼び出される間隔も延びます。この関数内では、前回のフレームからの経過時間を「Time.deltaTime」で取得できます。FixedUpdate()と違い、呼び出される間隔の揺れが大きいので、時間に関する計算は必ず「Time.deltaTime」を考慮に入れる必要があります。例えばtransformを直接変更して座標更新を行う場合は、速度に「Time.deltaTime」を掛けて移動距離を求めます。

5-7 プレイヤーの画像を変更しよう

現在プレイヤー1もプレイヤー2も同じ宇宙船なので、見分けがつくようにプレイヤー2の宇宙船の画像を変更してみることにします。プレイヤー2の画像は、インポートした画像にある赤い宇宙船の画像に差し替えてみます。Spriteクラスを変更することによって画像の変更を行います。

5-7-1 スプライト画像の変更

プレイヤー2の宇宙船の画像を変更してみることにします。**リスト5.10**の⑭⑮を追加します。以下コードの解説です。

リスト5.10⑭で"spaceShipSprites"配列に順に、プレイヤー1のスプライト、プレイヤー2のスプライトを「Inspector」ウィンドウでセットします。

"playerIndex"によって使用するスプライトを切り替えています（⑮）。

リスト5.10 プレイヤーの画像の変更

```
(前略)
public class PlayerController : MonoBehaviour
{
(中略)
    private float fireIntervalTimer = 0f;
    //⑪ここまで

    //⑭ここから
    // Spaceshipの画像
    [SerializeField]
    private Sprite[] spaceShipSprites;
    //⑭ここまで

    // 最初に一度呼び出されます
    private void Awake()
    {
        rigidbody2d = GetComponent<Rigidbody2D>();
        //④
        playerIndex = GetComponent<PlayerInput>().playerIndex;// ②

        //⑮ここから
        SpriteRenderer renderer = GetComponent<SpriteRenderer>();
        renderer.sprite = spaceShipSprites[playerIndex];
```

```
            //⑮ここまで
(中略)
    }
(後略)
```

コードを入力したら、"Spaceship"プレハブをダブルクリックして編集モードに入ってください。「Inspector」ウィンドウで"Space Ship Sprites"配列のプラスボタンを2回クリックして"Element"を2つ用意します。プレイヤー1の画像"SpaceshipBlue.png"とプレイヤー2の画像"SpaceshipRed.png"を順にセットしてください（図5.43）。

実行して、プレイヤー1とプレイヤー2の画像が変わっていることを確認しましょう（図5.44）。

図5.43　プレイヤーの画像の設定

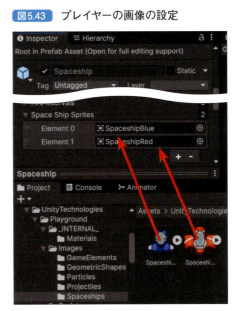

図5.44　プレイヤー1とプレイヤー2の画像

5-7-2 噴射炎の追加

宇宙船のエンジンから炎が噴射している表現を追加しましょう。

1 炎の追加

「Project」ウィンドウで"Spaceship"プレハブをダブルクリックしてプレハブ編集モードに入ります。「Project」ウィンドウから"Assets/UnityTechnologies/Playground/Prefabs/Particles/P_Flame.prefab"を「Hierarchy」ウィンドウの"Spaceship"ゲームオブジェクトの子になるようにドロップして追加します（図5.45）。[Position] を (0, -2.8, 0) にします。[Rotation] を (0, 0, 180) にします。[Scale] を (1, 1, 1) にします。
「Hierarchy」ウィンドウの左上の [<] ボタンをクリックしてプレハブ編集モードを抜けます。実行して"Spaceship"から噴射炎が出ているのを確認しましょう（図5.46）。

図5.45　"P_Flame.prefab"を追加

図5.46　噴射炎

5-7-3 背景画像の設定

このアセットにはいくつかの背景画像が入っています。それを使って背景を作成してみましょう。

1 背景画像のセット

「Project」ウィンドウから、"Assets/UnityTechnologies/Playground/Images/Backgrounds/BG_Space.png"の画像を「Hierarchy」ウィンドウにドロップします（図5.47）。ドロップしただけでは、左右が切れた状態になります。

図5.47 "BG_Space.png"を背景に設定

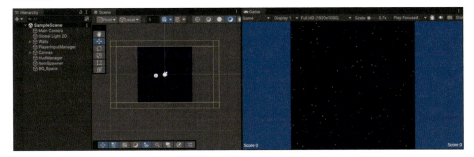

2 背景画像のタイリングの設定

背景画像は同じ画像を繰り返しループさせて表示するタイリングという機能を使って、左右の隙間を埋めます。スケールを使うと画像が伸びてしまって想定通りにはなりません。
「Hierarchy」ウィンドウで"BG_Space"をクリックします。「Inspector」ウィンドウで[Draw Mode]を[Tiled]に変更します。[Size]の[Width]を"20"に変更します（図5.48）。これで左右の隙間が埋まったと思います。
もう1つこの後のために[Order in Layer]を"-1"にしておきます。これは画像の表示優先順位で、手前ほど数値が大きくなります。この背景画像は一番後ろに表示したいのでマイナスの値を入れました。

図5.48 タイリングの設定

3 背景の表示物の追加

さらに背景の装飾を進めましょう。「Project」ウィンドウの"Assets/UnityTechnologies/Playground/Images/Asteroids/"フォルダに隕石の画像が複数用意されています。これらを自由に配置してみてください。また、"Assets/UnityTechnologies/Playground/Prefabs/Particles/P_MagicSparks.prefab"を配置すると、キラキラ光る星のような表現ができます。図5.49は配置の一例です。

図5.49 背景の表示物の追加

他にも画像やプレハブを配置してみましょう。

Appendix

デバッグの方法と
サンプルファイルの使い方

ここでは、Unityでゲーム開発をするうえで知っておくと便利な「Visual Studio」によるデバッグの基本的な方法と、本書で作成したゲームのサンプルファイルの使い方を解説します。

APPENDEX　デバッグの方法とサンプルファイルの使い方

デバッグの方法

ここでは、「Visual Studio」によるUnityのデバッグの基本的な方法を解説していきます。ブレークポイントで実行を止めて、その時点での変数の値を確認して不具合の原因を突き止めます。WindowsとMacでは「Visual Studio」の見た目が違いますので、両方の画面で解説して行きます。

A-1-1 「Visual Studio」でのデバッグの準備

「Visual Studio」でUnityのデバッグを行う準備をしましょう。ブレークポイントを設定したり、変数の値を見たり、コールスタックを確認したり、通常のC#プログラムと同様にデバッグできます。

デバッグの準備

Unityの右下にある虫アイコンをクリックして、開いたウィンドウの「Switch to debug mode」をクリックして、デバッグモードを有効化します（図A.1）。

図A.1　Switch to debug mode

Macの場合は、「Visual Studio」の上部のツールバーにある右向き三角ボタン▶をクリックすると、Unityと接続（アタッチ）されてデバッグの準備が整います（図A.2）。そのとき三角ボタンが四角のアイコンに変わり、もう一度押すとデバッグを中止します。

Windowsの場合は、上部のツールバーにある緑色の右向き三角アイコンの▶ボタンをクリックするとunityと接続（アタッチ）されてデバッグの準備が整います。デバッグの停止は、別途赤い四角の停止ボタンがあります（図A.3）。

図A.2　デバッグ開始ボタン（Mac）

図A.3　（Windows）デバッグ開始と停止ボタン（Windows）

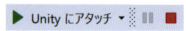

もし、デバッグモードが有効になっていない場合は、図A.4、図A.5のようなウィンドウが表示されるので「Enable debugging for this session」をクリックしてください。

図A.4 デバッグの有効確認ダイアログ（Mac）

図A.5 デバッグの有効確認ダイアログ（Windows）

A-1-2 ブレークポイントの設定

リストA.1のスクリプトを作成してデバッグしてみましょう。「Cube」を作成してこのスクリプトを追加してください。「Cube」のX座標を0fから1.0fまで毎フレーム0.1fずつ足して移動しています。X座標が1.0fになったときに0fに戻しています。なので0fから1fの間をループするようにしたつもりです。ところが実行すると「Cube」は永遠に右に進み続けます。

リストA.1 デバックサンプル

```
using UnityEngine;
public class DebugSample : MonoBehaviour
{
    float x = 0f;
    // Update is called once per frame
    void Update()
    {
        x += 0.1f;
        if ( x == 1.0f )
        {
            x = 0f;
        }
        transform.position = new Vector3(x, 0f, 0f);
    }
}
```

何がおかしいのか調べるために、ブレークポイントを指定します。ブレークポイントとは設定した行にプログラムの実行が到達したときに実行を一時停します。このとき変数の値を確認することができます。ブレークポイントを指定するには行番号の左側の空白部分をクリックします。赤い丸が表示されたらブレークポイントがセットされています（**図A.6**）。再度クリックするとブレークポイントは解除されます。

図A.6 ブレークポイントをセット（Windows）

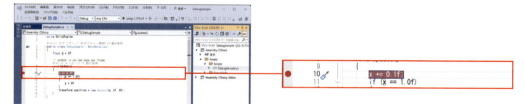

A-1-3 デバッグの開始

ブレークポイントがセットされた状態で、Unityに戻ってUnityの実行ボタンをクリックします。そうすると、「Visual Studio」にフォーカスが来て、ブレークポイントの行がハイライトされると思います（図A.7）。

図A.7 ブレークポイントで停止（Windows）

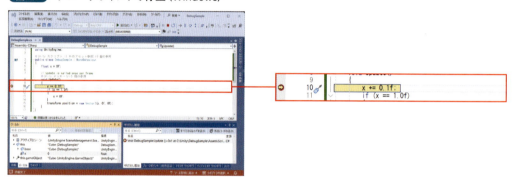

プログラムの実行が一時停止している状態です。「Visual Studio」の下部に、「ローカル」変数のタブがあるのでクリックして表示します。ここで現在の変数の状態を確認することができます。"this"（DebugSampleクラス）の左にある変数の表示を展開するボタン（Macは ˃、Windowsは ▷）をクリックすると、フィールドの値を確認できます。xの値は"0"になっているのが分かります（図A.8）。ここで、上部のステップオーバーボタン（ または ）をクリックすると、"x += 0.1f;"の行だけを実行できます。xの値が0.1に変わりました。想定どおり0.1が加算されているのが分かります。

図A.8 ステップオーバー実行（Windows）

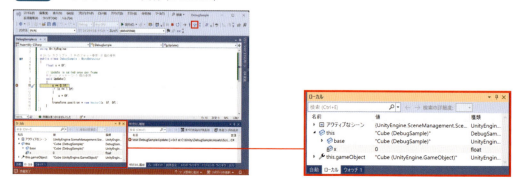

200

それでは、実行を続けてみましょう。「続行」ボタンをクリックします（図A.9、図A.10）。そうするとすぐに、同じブレークポイントで停止します。これは次のフレームになり、再度ブレークポイントの場所に実行箇所が到達したからです。

図A.9 続行ボタン（Mac） **図A.10** 続行ボタン（Windows）

xの値が0.9になるまで続行を繰り返します（図A.11）。途中xの値がぴったりにならずに誤差が生じると思います。図では"0.9000001"と小さな誤差が発生しています。数値を2進数で扱うコンピューターでは10進数の小数を正確に表せないため、このような誤差が発生します。

図A.11 xの値の誤差（Windows）

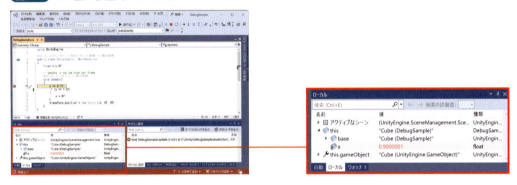

ステップオーバーでxの値とif文の中を通るか確認します。xの値は1となっているものの、if文の中を通りませんでした。x=1.0fなのにここの条件が成立しない理由は、floatの計算に非常に小さな誤差が発生しており、ぴったり1.0fになっていないからです。このようにfloatの値を比較する場合は気をつける必要があります。一旦ブレークポイントを解除し続行します。Unityに戻って実行を停止します。

A-1-4 コードの修正

このバグの対策としては、1.0fでぴったり比較するのではなく、1.0f以上になったかを判定するようにします。修正したスクリプトが**リストA.2**になります。これを保存して再度Unityで実行すると想定通り「Cube」の座標が0fから1fの間をループするようになります。もし想定通りいかない場合は、再度ブレークポイントを張ってデバッグを繰り返すことになります。

リストA.2 修正コード

```
using UnityEngine;
public class DebugSample : MonoBehaviour
```

```
{
    float x = 0f;
     // Update is called once per frame
    void Update()
    {
        x += 0.1f;
        if ( x >= 1.0f )//修正箇所
        {
            x = 0f;
        }
        transform.position = new Vector3(x, 0f, 0f);
    }
}
```

デバッグ実行時のツールバー（**図A.12**、**図A.13**）のアイコンの意味を**表A.1**、**表A.2**にまとめておきます。

図A.12 デバッグツールバー（Mac）　　**図A.13** デバッグツールバー（Windows）

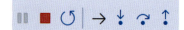

表A.1 デバッグツールバーのボタンの意味(Mac)

ボタン	説明
❙❙ 一時停止	現在実行している場所でスクリプトを停止します。スクリプトの停止した行がフォーカスされます。
↷ ステップオーバー	ブレークポイントで停止した場所から1行ずつ進めます。その行が関数の場合は中には入りません。
↓ ステップイン	ブレークポイントで停止した場所から1行ずつ進めます。その行が関数の場合は関数の中に入っていきます。
↑ ステップアウト	現在の関数から出るところまで実行を進めます。

表A.2 デバッグツールバーのボタンの意味(Windows)

ボタン	説明
❙❙ 一時停止	現在実行している場所でスクリプトを停止します。スクリプトの停止した行がフォーカスされます。
■ 中断	デバッグを中断してUnityとの接続を切ります。
↻ 再起動	Unityと再接続します。
→ 次のステートメントの表示	現在停止している箇所にカーソルを移動します。
↓ ステップイン	ブレークポイントで停止した場所から1行ずつ進めます。その行が関数の場合は関数に中に入っていきます。
↷ ステップオーバー	ブレークポイントで停止した場所から1行ずつ進めます。その行が関数の場合は中には入りません。
↑ ステップアウト	現在の関数から出るところまで実行を進めます。

A-2 サンプルファイルの使い方

本書で作成したゲームのサンプルファイルの使い方を解説します。

A-2-1 サンプルファイルのダウンロード

サンプルファイルは技術評論社の下記のサイトからダウンロードできます。

https://gihyo.jp/book/2024/978-4-297-14353-4/support

ダウンロードしたファイルはzipファイルになっているので、解凍して使用してください。各章は以下のようになっています

- 2章
    - (2-6) までのプロジェクトファイルを用意してあります。
- 3章
    - (3-5) までのプロジェクトファイルを用意してあります。別途C#のソースは、リスト番号のフォルダ名の中に入っています。
- 4章、5章
    - C#のソースをリスト番号のフォルダ名の中に入れてあります。

A-2-2 プロジェクトの利用方法

2章を例にプロジェクトのフォルダをUnityHubに追加する手順を解説します。UnityHubを起動して、上部にある[追加]ボタンをクリックします(図A.14)。

プロジェクトフォルダを選択します(図A.15、図A.16)。UnityHubにプロジェクトが追加されるので、クリックして起動します(図A.17)。プロジェクト指定のUnityのバージョンが違う場合は、「はじめに」に記載の手順でプロジェクトのバージョンをアップデートしてください。

APPENDEX　デバッグの方法とサンプルファイルの使い方

図A.14　UnityHubの[追加]ボタン

図A.15　プロジェクトフォルダの選択（Mac）

図A.16　プロジェクトフォルダの選択（Windows）

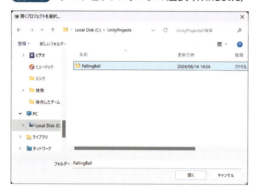

図A.17　プロジェクトの追加

終わりに

　「はじめに」にも書きましたが、ネット上にはUnityの情報がとても多くあります。YouTubeには日本語、英語を含め、非常に多くの動画がありますし、Unity公式のUnity Learnという学習サイトには初心者向けの教材も用意されています。Unityの情報は、日本語の情報で概ね事足りるのですが、どうしても見つからない場合は英語で探してみるのが良いと思います。Webの英語の文章の自動翻訳も容易ですし、YouTubeでも自動翻訳で日本語字幕をつけることもできます。日本語を英語に直すのも翻訳を使えばできます。また、AIチャットに聞いてみるのもひとつの手です。ゲーム作成に最も必要なものは「ゲームを作りたい」という情熱です。頑張ってください。

索引

【A】

Action Maps	165
Add Component	67
AddForce( ) 関数	90
AddListener( ) 関数	153
Agent Type	132
AI Navigation	131
Alignment	184
Anchor Presets	120、184
Angular Drag	168
Animator Controller	135
Automate Thresholds	139
Awake( ) 関数	91

【B】

Bake	131
Base Map	66
Base Offset	132
BGMの再生	119
BGMをループ再生	119
Blend Tree	136
Bounciness	87
BoxCollider 2D	173
BoxCollider	151

【C】

Camera.main.WorldToScreenPoint( ) 関数	
	177
Canvas	147
Capsule Collider	127、130
Character Controller	151
Cinemachine	104
CircleCollider 2D	169
Cubeの作成	50

【D・E】

Destroy( ) 関数	101
Edit Collider	154

【F】

FindGameObjectWithTag( ) 関数	159
FixedUpdate( ) 関数	91
Follow Camera	104
ForceMode.Impulse	90

Freeze Rotation	130

【G】

GameManager	142
Gamepad の設定	165
Gameビューのボタンの機能	33
GetComponent( ) 関数	90
GoalPoint	145
Gravity Scale	168

【H・I】

Hierarchyウィンドウの機能	40
IEnumerator	96
Import Settings Overrides	167
Import Unity Package	167
Input Actions	165
Input System	164
Inspectorウィンドウの機能	41
Instantiate( ) 関数	98
Invoke( ) 関数	157
Is Trigger	141

【L】

Layer	128
Layer Collision Matrix	169
Limit Number of Players	187
LoadScene( ) 関数	113

【M】

Material Preset	148
Mathf.Atan2( ) 関数	175
Mathf.Rad2Deg	175
Max Slope	132
Mesh Collider	162
MonoBehaviour Script	88

【N】

Nav Mesh Agent	131
Nav Mesh Surface	132
NavMesh	131

【O】

OnCollisionEnter( ) 関数	106
OnCollisionExit( ) 関数	106

OnCollisionStay( ) 関数	106
OnTriggerEnter( ) 関数	142
OnTriggerEnter2D( ) 関数	181
Open Agent Settings	132
Order in Layer	195
Original Prefab	97、110
Overrides	99

【P】

Package Manager	74
Parameters	137
Physics 2D	169
Pivot	120
Player Input Manager	173
Player Inputコンポーネント	170
Positionの変更	53
Projectウィンドウのツールバー	32

【Q】

Quaternion.Euler( ) 関数	175
Quaternion.Lerp( ) 関数	175

【R】

Radius	169
Random.Range( ) 関数	97
Rect Transform	148
Redo	37、51
Rename（ゲームオブジェクト）	51
Revert（ゲームオブジェクトのプロパティ）	68
RGB	125
Rigidbody	72
Rigidbody 2D	168
Rigidbodyのパラメーター	72
Rigidbodyの参照	91

【S】

Scale With Screen Size	147
Scaleの変更	53
Sceneビューでのショートカットキー	36
Sceneビューのオーバーレイメニュー	34
Sceneビューのツールバー	35
SerializeField属性	94
SetActive( ) 関数	146
SetFloat( ) 関数	138
Sphere Collider	87
sqrMagnitude	175
Start( ) 関数	143

Step Height	132

【T】

TextMeshPro	147
Thicknes	149
Threshold	139
Tiling（テクスチャ）	76
Time.fixedDeltaTime	171

【U】

UI Scale Mode	147
Undo	137、51
Unity Hubにサインイン	17
Unity Hubの日本語化	19
Unity ID	15
Unity IDの作成	15
Unity Playground	166
Unity のライセンス	23
Unity6のインストール	18
UnityEvent	152、157
UnityHub	12
UnityHubのインストール	13
UnityHubのダウンロード	12
Unityのプラン	11
Universal 2D	164
Update( ) 関数	93

【V・W・Y】

Visual Studioのインストール	120、22
Visual Studioの起動	89
WaitForSeconds	96
yield return	97

【あ行】

アークタンジェント	175
アクションマップ	165
アセットストア	27
アセットのインポート	73
アセットの追加	27
アニメーション	135
アニメーションクリップ	135
アニメーションの確認	137
アニメーションブレンド	137
アニメーターコントローラー	135
色について	125
色の設定(マテリアル)	66
インスペクターウィンドウ	40

オイラー角 ································· 49

【か行】

回転順序 ································· 49
回転方向 ································· 49
カメラの回転速度の調整 ··············· 134
カメラの操作 ··························· 36
カメラの追従 ·························· 104
空のゲームオブジェクトの作成 ·········· 54
キーボードの入力 ······················ 91
キーボード操作の設定 ················· 166
クォータニオン ························ 175
ゲームエンジン ························· 10
ゲームオブジェクトのフォーカス ········ 37
ゲームオブジェクトの階層 ·············· 49
ゲームオブジェクトの複製 ·············· 56
ゲームビュー ··························· 32
ゲームマネージャー ··················· 142
ゴール地点 ···························· 144
コメントアウト ························· 91
コライダー ···························· 130
コルーチン ····························· 96
コンソールウィンドウ ·················· 41

【さ行】

シーンギズモ ··························· 39
シーンビュー ··························· 33
シーンを再読み込み ··················· 113
視点の速度の変更 ······················ 37
スクリーン座標 ························ 188
スクリプトの作成（C#） ················ 88
ステップオーバー実行 ················· 200
スプラッシュ画面 ······················ 11
続行ボタン ···························· 201

【た・な行】

タイリング（テクスチャ） ·········· 76、195
タグ（Tag） ·························· 105
玉(球)の作成 ·························· 70
テクスチャ ····························· 73
デバッグツールバー ··················· 202
デバッグの準備 ······················ 198
デバッグ開始ボタン ··················· 198
トランスフォームツール ················ 39
ナビメッシュの表示 ··················· 133
入力設定 ····························· 165

【は行】

パッケージのインポート ················ 29
パッケージマネージャー ················ 74
ハンドツール ··························· 36
ヒエラルキーウィンドウ ················ 40
フォルダの作成（"Materials"） ········· 65
物理の追加（Rigidbody） ··········· 72、86
物理マテリアル ························· 86
フライスルーモード ···················· 37
プレイヤーの追跡 ····················· 134
ブレークポイント ····················· 199
プレハブの作成 ························· 61
プレハブの参照 ························· 98
プレハブ編集モード ··················· 105
ブレンドツリー ······················· 136
プロジェクトウィンドウ ················ 30
プロジェクトテンプレート ·············· 25
プロジェクトのロード ·················· 42
プロジェクトの作成 ···················· 24
プロジェクトの保存 ···················· 42
ベイク ······························· 133

【ま行】

マテリアルの割当 ······················ 67
マテリアルの作成 ······················ 66
マテリアルプリセット ················· 148
マルチプレイヤー ····················· 173
ムーブツール ··························· 37

【ら・わ行】

ラジアン ····························· 175
乱数 ································· 102
ルートモーションの解除 ··············· 136
レイヤー ····························· 128
レイヤー間の衝突判定 ················· 169
ローカル座標系 ························· 48
ローカル変数 ························· 200
ローテートツール ······················ 38
ワールド座標系 ··················· 48、188

著者プロフィール

福島 光輝（ふくしま みつてる）

カプコン、コナミ、スクウェア・エニックス、DeNAで多くのゲームを開発。ファミコン時代からゲーム開発に関わり、現在もエンジニアとしてアプリやゲームの開発を行っている。また自身が設立した会社では教育に力を入れており、専門学校の講師としてゲーム制作を教えている。

カバーデザイン	菊池 祐（ライラック）
本文デザイン＆DTP	朝日メディアインターナショナル
編集	原田 崇靖
技術評論社ホームページ	https://gihyo.jp/book/

■ 問い合わせについて

本書の内容に関するご質問は、下記の宛先までFAXまたは書面にてお送りください。なお電話によるご質問、および本書に記載されている内容以外の事柄に関するご質問にはお答えできかねます。あらかじめご了承ください。

なお、ご質問の際に記載いただいた個人情報は、ご質問の返答以外の目的には使用いたしません。また、ご質問の返答後は速やかに破棄させていただきます。

〒162-0846
新宿区市谷左内町21-13
株式会社技術評論社　書籍編集部
「Unity超入門 やさしくわかるゲーム開発」
質問係

［FAX］　03-3513-6167
［URL］　https://book.gihyo.jp/116

Unity超入門（ユニティ ちょうにゅうもん）
やさしくわかるゲーム開発（かいはつ）

2024年10月5日　初版　第1刷発行

著　者　福島 光輝（ふくしま みつてる）
発行者　片岡 巌
発行所　株式会社 技術評論社
　　　　東京都新宿区市谷左内町21-13
　　　　電話　03-3513-6150　販売促進部
　　　　　　　03-3513-6160　書籍編集部
印刷／製本　港北メディアサービス株式会社

定価はカバーに表示してあります。

本書の一部または全部を著作権法の定める範囲を超え、無断で複写、複製、転載、テープ化、ファイルに落とすことを禁じます。

©2024　TOKYO VR PLAYGROUND 合同会社

造本には細心の注意を払っておりますが、万一、乱丁（ページの乱れ）や落丁（ページの抜け）がございましたら、小社販売促進部までお送りください。送料小社負担にてお取り替えいたします。

ISBN978-4-297-14353-4　C3055
Printed in Japan